# 云时代的流式大数据挖掘服务平台：
# 基于元建模的视角

朱小栋　著

科学出版社

北京

# 内 容 简 介

在云时代，大数据蕴涵的知识和规律为人类社会创造了前所未有的重大价值。流式大数据挖掘平台是实施流式大数据挖掘的软件服务平台，是处理流式大数据的数据挖掘系统。构建智能、高效和快速流式大数据挖掘平台，满足人们对数据的高吞吐低延迟、计算程序的动态扩展、知识的共享交换与集成的要求，是当前大数据研究的迫切要求和焦点之一。本书内容分两篇：

第一篇是理论篇，运用形式化方法提出"元"理念和"元"理论，进而提出面向流式大数据挖掘平台的元数据和元建模的概念。同时，提出预测模型标记语言的扩展理论，该理论所设计的扩展预测模型标记语言可以应用于流式大数据挖掘平台。

第二篇是建模篇，围绕流式大数据挖掘服务平台，提出流式大数据挖掘服务平台的数据管理理论和算法管理理论。

书中应用多种形式化方法，从理论高度回答了流式大数据和流式大数据挖掘的本质是什么的问题。

本书可供相关领域的研究人员参考，也可以作为高等院校信息技术专业高年级本科生和研究生的教材。

**图书在版编目（CIP）数据**

云时代的流式大数据挖掘服务平台：基于元建模的视角/朱小栋著.
—北京：科学出版社，2015.8

ISBN 978-7-03-045389-1

Ⅰ．①云…　Ⅱ．①朱…　Ⅲ．①数据采集－研究　Ⅳ.①TP274

中国版本图书馆 CIP 数据核字(2015)第 193610 号

责任编辑：王　哲　王迎春 / 责任校对：郭瑞芝
责任印制：徐晓晨 / 责任设计：迷底书装

**科 学 出 版 社** 出版
北京东黄城根北街 16 号
邮政编码：100717
http://www.sciencep.com

**北京教图印刷有限公司** 印刷
科学出版社发行　各地新华书店经销

\*

2015 年 8 月第 一 版　　开本：720×1000　1/16
2016 年 3 月第二次印刷　　印张：9
字数：163 000

定价：48.00 元
（如有印装质量问题，我社负责调换）

# 作 者 简 介

朱小栋，1981 年 8 月生，安徽太湖人，现居上海，上海理工大学管理学院信息管理系副教授，研究生导师。2009 年毕业于南京航空航天大学计算机应用技术专业，获工学博士学位。目前研究方向包括国际电子商务、数据挖掘、软件工程。公开发表科研论文 60 余篇，出版高等院校教材 1 部。主持教育部人文社会科学青年基金项目 1 项，教育部博士点青年基金项目 1 项，教育部重点实验室开放课题 1 项，上海市教育委员会科研创新基金项目 1 项，其他纵横向课题多项。拥有软件著作权 4 项，指导大学生参加市级以上竞赛获奖 20 余次，已培养硕士研究生 10 名。曾获中国机械工业科学进步奖二等奖 1 项，上海市教育委员会教学成果奖二等奖 1 项。

# 序

流式大数据广泛存在于我们身边。互联网技术的广泛应用，使得世界市场二分化为传统实体市场和互联网虚拟市场。电子商务就是在互联网虚拟市场所进行的交易活动。二十多年来，电子商务从萌芽到快速崛起，发展速度惊人。在电子商务交易过程中，产生了大量的流式大数据。当电子商务需要进一步拓展市场的时候，分析电子商务网站的大量用户点击流式大数据，挖掘客户的消费习惯和消费特征，就可以发现用户偏好并给出商家个性化推荐。

2014 年 12 月 31 日，上海外滩发生的踩踏事件给人们带来惨痛的教训：人们不禁思考能否对群体中大量的位置和轨迹数据加以计算，预测导致踩踏发生的人流对冲事件，并作出预警和干预。位置和轨迹数据也是从具有 GPS 定位功能的移动设备采集的流式大数据。

在城市 PM2.5 排放的批量大数据中，应用数据挖掘技术寻找规律，可以预测雾霾天气。对大数据进行流式计算已成为亟待解决的问题，谁抢得大数据计算的制高点，谁就能够赢得市场先机。

2014 年 6 月 9 日，习近平主席在中国科学院第十七次院士大会、中国工程院第十二次院士大会上的讲话中提到，由于大数据、云计算、移动互联网等新一代信息技术同机器人技术相互融合的步伐加快，我国将成为机器人的最大市场，这就需要我们审时度势、全盘考虑、抓紧谋划、扎实推进；2015 年 3 月 5 日，李克强总理在政府工作报告中提出，要制定"互联网+"行动计划，推动移动互联网、云计算、大数据、物联网等与现代制造业结合，促进电子商务、工业互联网和互联网金融的健康发展，引导互联网企业拓展国际市场。这些都显示出大数据的研究与应用已经上升到国家战略。

朱小栋副教授的研究适应了国家发展大数据的战略需求，本书在阐述大数据基本理论的基础上，通过分析基于扩展预测模型标记语言的流式大数据挖掘服务平台，提出了流式大数据挖掘服务平台的元数据体系结构、流式大数据挖掘的数据建模理论和流式大数据挖掘服务平台的算法管理模型，为云环境下快速、高效和智能的流式大数据计算服务模型构建问题和智能化发展提供了理论和方法上的指导。本书的研究成果在电子商务、社交网络、智能交通、环境监测、天体与地壳运动等领域有着广泛的应用前景。

　　作为一个年轻学者，能够捕捉当前经济发展的热点是非常可贵的。人数据本身是一种新的科学手段，虽然目前还不成熟，但已经开始受到广泛的关注。希望本书作者能够进一步深入这方面的研究，也希望广大读者能够通过本书了解大数据，从科学的角度来理解大数据并在实际工作中加以应用。

杨坚争

2015 年 4 月

# 前　　言

流式大数据是一个随着时间推移不断出现的无限项目序列。与海量大数据相比，流式大数据的特征表现为突发性、实时性、无序性、无限性。物联网、移动社交媒体、无线传感器网络以及电子商务的发展，使得流式大数据的存在形式非常丰富。例如，用于环境和生态监测的传感器网络会持续产生流式大数据，移动社交网络中的各个终端用户的动作会产生流式大数据，电子商务环境中持续的用户交易行为在服务器上会持续产生流式大数据，以及交通路网中用传感器采集的持续车辆流量信息也表现为流式大数据的形式。

大数据蕴涵大知识，大知识为人类社会创造前所未有的重大价值。大数据挖掘模式分为批量大数据挖掘和流式大数据挖掘两种形态。对流式大数据进行挖掘，及时发现大数据中隐藏的规律已成为流式大数据领域的迫切需求。然而，传统的先存储后计算的批量大数据挖掘理念不适用于流式大数据挖掘的环境，流式大数据挖掘对计算机和服务器的带宽、存储空间、处理器、采集设备能源供应提出了新的要求，给计算系统的可伸缩性、系统容错、状态一致性、负载均衡、数据吞吐量带来前所未有的挑战。如何构建高吞吐率、低延迟且持续可靠运行的流式大数据挖掘系统是当前亟待解决的问题，但是目前实践成果与研究经验相对较少。

在云计算环境下，云服务是被用来作为服务提供使用的云计算产品。凭借云计算提供的庞大存储能力、极大的带宽和庞大的处理器，流式大数据挖掘以云服务的方式呈现，是未来流式大数据挖掘的必然趋势。

Berners-Lee 于 2001 年在 *Nature* 上发表文章提出语义 Web 的概念。下一代网络——语义 Web 的出现和发展，为实现智能、高效和快速的流式大数据挖掘系统提供了解决思路。语义 Web 的目标是让 Web 上的信息能够被机器理解，从而实现 Web 信息的自动处理。在语义 Web 环境中，信息的语义能够很好地加以定义，并使人机更好地协同工作。语义 Web 的支撑技术建立在一系列技术标准和规范之上，其中描述逻辑是语义 Web 的逻辑基础，也是语义 Web 具有智能的基础。本书以此为切入点，探索语义 Web 技术与流式大数据挖掘服务的结合，提出构建流式大数据挖掘服务平台相关的理论模型，满足智能、高效和快速流式大数据挖掘服务对数据的高吞吐率、低延迟、计算程序的动态扩展、知识的共享交换与集成的要求。

本书是教育部人文社会科学青年基金项目（No.12YJC870037）、教育部高等学校博士学科点基金项目（No.20123120120004）和 2014 年度计算智能与信号处理教育部重点实验室（安徽大学）开放课题的研究成果，沪江基金研究基地专项"电子商务智库"（No.14008）给予了资助。本书参考引用了众多国内外数据挖掘研究领域专家学者的文献资料，在此对他们的工作表示衷心的感谢。

　　由于作者水平有限，书中难免存在不足之处，敬请广大读者批评指正。

作　者

2015 年 3 月

# 注 释 表

| 缩略词 | 全称 | 注释 |
|---|---|---|
| AMF-DSMS | algorithms management framework for data streams mining system | 面向流式大数据挖掘服务平台的算法管理框架 |
| CRISP-DM | cross-industry standard process for data mining | 跨行业数据挖掘标准流程 |
| CWM | common warehouse metamodel | 公共仓库元模型 |
| DL4PMML | description logic for predictive model markup language | 用于构建扩展预测模型标记语言（EPMML）的支撑描述逻辑 |
| DMG | data mining group | 数据挖掘联盟，制定了数据挖掘领域的元数据标准（预测模型标记语言） |
| DSMSF | data streams mining system framework | 流式大数据挖掘服务平台框架 |
| EPMML | extended predictive model markup language | 扩展预测模型标记语言 |
| ETL | extract-transform-load | 用来描述数据从数据源经过萃取、转置、加载到目的端的过程 |
| GRIP | graphical route information panel | 图形式路径信息情报板 |
| MDA | model driven architecture | 模型驱动架构 |
| MOF | meta object facility | 元对象设施，是一个用来定义、构造、管理、交换和集成软件系统中元数据的模型驱动的分布式对象框架 |
| OMG | object management group | 对象管理组织，该组织制定过很多行业标准，例如，CORBA、UML、CWM 和 MDA 等 |
| OWL | web ontology language | Web 本体语言，是由 W3C 制定的用于描述语义 Web 上本体论的语言 |
| PM-DSM | process model for data streams mining | 流式大数据挖掘过程模型 |
| PMML | predictive model markup language | 预测模型标记语言，是数据挖掘领域的元数据标准 |
| XMI | XML metadata interchange | XML 元数据交换，提供了元数据交换的标准方法 |

# 目　　录

# 第二篇　建模篇

# 第一篇　理　论　篇

# 第1章 绪 论

*我们获得的知识越多，未知的知识就会更多，因而，知识的扩充永无止境。*

——统计学家Rao

21 世纪的第二个十年，物联网技术、移动互联网技术、社交媒体技术、电子商务技术和云计算技术等新兴信息技术和应用模式快速发展壮大，伴随而来的是全球数据量急剧增加，推动人类社会迈入大数据时代。

## 1.1 大数据的概念

查阅维基百科[①]，可以找到大数据的概念：大数据，或称巨量数据、海量数据，是指在可接受的容忍时间之内，大小超出常用的理论、方法、技术、软件工具、数据库管理软件等捕获、存储、处理数据能力的数据。

### 1.1.1 大数据的特征

大数据呈现的特征如下：

1）数量大（volume）

大数据到底有多大？在计算机科学与技术领域，bit 是最小的数据存储单位，用于存放一位二进制数 0 或者 1。通常，以字节（byte，B）作为数据基本单位：1B = 8bit。对数据大小的描述经历了 B、KB（kilo byte）、MB（mega byte）、GB（giga byte）、TB（tera byte）、PB（peta byte）、EB（exa byte）、ZB（zetta byte）、YB（yotta byte）……的发展过程。按照进率 $2^{10}=1024$ 来计算：

$1B = 8bit$

$1KB = 2^{10} B = 1024B$

$1MB = 2^{10} KB = 2^{20} B = 1048576B$

$1GB = 2^{10} MB = 2^{30} B = 1073741824B$

$1TB = 2^{10} GB = 2^{40} B = 1099511627776B$

---

① Wikipedia. Big data[EB/OL]. 2015-01-08. http://en.wikipedia.org/wiki/Big_data[2015-03-12].

$1PB = 2^{10}\,TB = 2^{50}\,B = 1125899906842624B$

$1EB = 2^{10}\,PB = 2^{60}\,B = 1152921504606846976B$

$1ZB = 2^{10}\,EB = 2^{70}\,B = 1180591620717411303424B$

$1YB = 2^{10}\,ZB = 2^{80}\,B = 1208925819614629174706176B$

2009 年左右，500G 的硬盘是很好的个人计算机（personal computer, PC）配置。2012 年，普通 PC 的硬盘可以达到 1TB 级别。然而，当数据上升到 1PB 的时候，则需要 1024 块 1TB 的硬盘。数据量还将以每两年 3 倍的速度增加，这一速度超过了摩尔定律的增长速度[1]①。这样的数据量过于庞大，以至于不能用传统工具存储。成熟的分布式技术、计算机网络技术成为解决流式大数据存储和分析的基础技术。

2）速度快（velocity）

一方面，大数据表现为产生速度快、传播速度快，呈现鲜明的流式特征。另一方面，在处理流式大数据时，要求数据及时快速地得到处理，故而对数据的处理分析能力提出更高的要求。

3）多样性（variety）

数据种类繁多，结构化、半结构化、非结构化的数据并存。即便是结构化的数据，也呈现异构的现象。例如，关系表数据可以用 Oracle、Microsoft、IBM 等不同公司的数据库管理软件存储，也可以用 XML 等标记语言标记。同时，半结构化、非结构化的数据所占的比例不断增加。

4）价值大（value）

当数据规模达到一定的程度时，大数据中隐含的知识、规律的价值凸显出来，有必要采取有效的数据挖掘技术，找出这些知识、规律，推动企业和社会的进步。谷歌、亚马逊和脸书这三家互联网巨头积累了大规模的数据资产，谷歌为全世界的公开网页建立了庞大的索引；亚马逊沉淀了大量的商业信息，拥有互联网上庞大的商品数据库；脸书积累了全世界庞大的人际关系数据库。这些数据的商业价值巨大。

## 1.1.2　大数据的分类

从数据的流式特征强弱角度，大数据可以分为批量大数据和流式大数据两种形态。大数据计算主要有批量计算和流式计算两种形态[2-5]。

---

① 摩尔定律，由英特尔公司创始人之一 Moore 提出，其内容是：当价格不变时，集成电路上可容纳的元器件的数目，大约每隔 18~24 个月便会增加一倍，性能也将提升一倍。换言之，每一美元所能买到的计算机性能将每隔 18~24 个月翻一倍以上。这一定律揭示了信息技术进步的速度，可用于观测或推测，而不是一个自然法则。

1）批量大数据

批量大数据不强调大数据的流式特征，而强调其巨量的特征。

加利福尼亚大学尔湾分校（University of California Irvine, UCI）的 KDD（knowledge discovery in database）数据档案库，存放了许多公开的经典的数据集，这些数据集可以供全世界的学者研究使用，也用于国际知识发现与数据挖掘竞赛（KDD-CUP）①。例如，KDD-CUP 1999 的数据集，实例数达到 4000000 以上，数据量达到 1GB 级别。在 1999 年，这个数据集是大量的，以当时的 PC 配置，需要进行批量处理。

得益于 Hadoop 架构高效地优化了批处理计算，谷歌的 MapReduce 编程模型、开源 Hadoop 分布式计算系统为批量大数据计算提供了高效、稳定的技术支持[2,6,7]。

2）流式大数据

在许多应用领域，如传感器网络、互联网的访问、计算机网络监控、金融市场和电话数据管理等产生大量高速实时的数据流。传统的数据挖掘技术不能适应这种新的数据形式，而且对流式大数据流进行数据挖掘已成为这些领域的迫切需要。流式大数据挖掘可应用于估计传感器网络中丢失的数据[8]、评估互联网数据包的频繁模式[9]、监视制造业数据流[10]以及发现数据流中的异常事件[11]等，基于 Web 日志数据流关联规则挖掘可以预测失效或者产生错误报告[12,13]，数据流上的分类分析可以应用到网络入侵检测、信用卡欺诈检测和 Web 网页分类等领域[14]。

孙大为等在文献[2]中综述了典型应用领域，如金融银行业、互联网领域和物联网领域流式大数据所呈现的实时性、易失性、突发性、无序性和无限性等特征。

### 1.1.3　大数据挖掘的应用示例

大数据的应用示例包括社交网络、大规模电子商务、物联网、天文学、生物学、基因工程、金融、环境科学、军事侦察、信息安全、多媒体处理、人脸识别和车牌识别等。可以说，随着时代的发展，每个领域都有与之相关的大数据挖掘问题。

1）社交网络

Web 2.0 技术使人们在互联网上有了交互，由被动接受互联网信息变为主动改变互联网信息。社交网络的实例很多，包括博客、简易信息聚合（really simple syndication, RSS）、在线百科、团购、微博和微信等。

每一位网民每天都可以通过这种自媒体传播信息或者沟通交流，其产生的信息被网络记录下来，所以社交网络所产生的数据是异常庞大的。据统计，互联网

---

① UC Irvine. Machine learning repository. http://archive.ics.uci.edu/ml.

75%的数据来源于个人，主要以图片、音视频形式存在。在大规模社交网络数据上开展数据挖掘是有意义的，如社会学家可以在这些庞大的数据基础上分析人类的行为模式、交往方式等。

2）大规模电子商务

互联网的不断发展使得世界市场二分化为传统实体市场和互联网虚拟市场。电子商务是在互联网虚拟市场所进行的交易活动，近20年，电子商务技术从萌芽到快速崛起，发展速度惊人。以中国电子商务发展为例，"双十一"在中国已不仅仅是单身节的代名词，近年来，阿里巴巴集团领军的电子商务巨头将"双十一"打造成了网购狂欢节的代名词。以2014年11月11日为例，阿里巴巴集团数据中心数据显示，当日天猫"双十一"总交易额突破571亿元。表1.1给出了近两年阿里巴巴集团天猫"双十一"电子商务交易额数据。

表 1.1　天猫"双十一"电子商务交易额数据

| 时间 | 2014 年 | 2013 年 |
| --- | --- | --- |
| 每分钟支付成功的峰值/万笔 | 79 | 20 |
| 总交易额/亿元 | 571 | 362 |
| 无线终端交易额/亿元 | 243 | 53.5 |
| 物流订单量/亿元 | 2.78 | 1.67 |
| 同比上一年涨幅/% | 57.7 | 83 |

当大规模电子商务出现的时候，与电子商务相关的大数据蕴涵着丰富的知识。在淘宝网、京东商城中，"万份好评"的商品已不足为奇。对用户评论进行批量大数据分析挖掘，可以找出许多有价值的规律。例如，在B2C网站上，用户作出评论后，商家针对用户评论会给出回复，这样的回复对用户再次购买行为会产生多大的影响？只有在大量的用户评论数据基础上，才能找出答案。

3）物联网

在物联网环境里，各个离散的传感器产生大量数据，这些数据记录了传感器所感知的位置、环境、时间和行为信息。通过传感器网络将各自分散的数据传送到服务器端，形成大量的、密集的、实时的、有噪声的、快速流式的数据。

城市人口的增长、城市家庭轿车的普及，使得城市交通面临拥挤堵塞的难题。然而，许多城市通过物联网技术来缓解城市的交通拥挤问题。以上海市为例，快速路的智能交通网络非常发达，城市快速路路面的传感器线圈、图像采集设备实时采集交通信息，并传回上海城市快速路监控中心。中心通过算法程序可以进行路网分段的自动发布，也可以进行人工发布。发布的信息可以通过GRIP显示，如图 1.1 所示，图中白色代表拥挤、浅灰色代表畅通，深灰色代表堵塞[15]。在这张示意图中，大部分路段是畅通的，少部分路段是拥挤的，没有出现堵塞的路段。注意：真实生活中的 GRIP 中，红色代表堵塞，绿色代表畅通，黄色代表拥挤。GRIP 信息的实时发布可以引导驾驶员在面对前方交通状态时作出选择，也可以帮助交通监管部门作出管理决策。

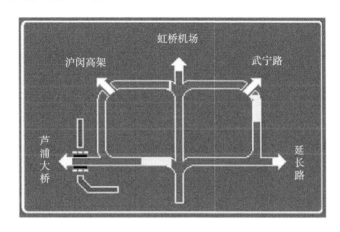

图 1.1 GRIP

星巴克是咖啡连锁巨头，在中国有着广泛的忠实粉丝，其有意推出的"大数据咖啡杯"是物联网领域的另一个例子。美国媒体报道，星巴克打算试验在一些咖啡杯中装上传感器，收集老顾客喝咖啡的速度等数据后进行数据挖掘，进而为喝咖啡较慢的顾客提供保温效果更好的杯子，提高顾客的满意度和忠诚度。

4）天文学

发现浩瀚宇宙里的天体运动规律，包括人们赖以生存的地球的运动规律，一直是天文学家探索的目标。天体运动中产生高能粒子，高能粒子的爆发可能持续几毫秒，也可能持续几小时、几天或更长时间。这样的粒子波动数据持续不断地产生，呈现高速、大量和流式的特征，并且间隔的时间周期是不固定的。挖掘这种流式大数据中隐藏的规律，对未来的天体地壳运动进行预测，可以减少人类在遭遇自然灾害时的损失。

## 1.2 本书背景

### 1.2.1 流式大数据挖掘的过程

基于流式大数据的特征，本书设计了流式大数据挖掘的生命周期图，如图 1.2

所示，称为流式大数据挖掘过程模型（PM-DSM）。通过 PM-DSM 可以认识流式大数据的挖掘过程。

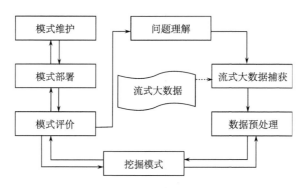

图 1.2　流式大数据挖掘过程模型

图 1.2 中每一个阶段用一个方框表示，实线箭头表示流程的方向以及两个阶段的依赖关系，虚线箭头表示阶段与流式大数据之间的联系。流式大数据是整个挖掘过程的中心，过程的初始阶段是问题理解，过程的最后一个阶段是模式维护。如果两个过程之间存在反复或者反馈的关系，则用双向箭头表示。为了说明流式大数据挖掘的生命周期，给出一个八元组来概括 PM-DSM。PM-DSM＝<BD, PU, DC, DP, MP, PE, PD, PM>。

其中，BD 是流式大数据，PU、DC、DP、MP、PE、PD 和 PM 依次是 PM-DSM 的七个阶段，即问题理解、流式大数据捕获、数据预处理、挖掘模式、模式评价、模式部署和模式维护。依次从流式大数据挖掘的这七个阶段来分析流式大数据挖掘过程模型。

1）流式大数据的形式定义

流式大数据（BD）可以定义为二元组的数据构成的集合。

**定义 1.1**　$BD = \{<d, \tau>|d \vDash \mathcal{D}, \tau \vDash \mathcal{T}\}$，这里 $d$ 是符合数据集格式 $\mathcal{D}$ 的记录，$\tau$ 是该数据记录的时间戳，满足时间格式 $\mathcal{T}$ 。

定义中符号"$\vDash$"表示满足。该定义表明流式大数据是时序不断出现的有序的项目序列。与传统的静态数据挖掘相比，流式大数据挖掘具有以下显著特征：首先，进行流式大数据处理的输入数据不是固定在磁盘或者存储器上的，而是连续的、大量的、随机出现的；其次，流式大数据的大小是潜在无限大的，因此不能将所有流式大数据存储在主存和外存上；再次，流式大数据是连续不断出现的，数据的分布特征也不断变化，因此要不断地对流式大数据挖掘的结果进行实时更新，即提供连续的结果；最后，流式大数据到达的速度通常较快，因此对流式大数据挖掘的算法提出了更高的要求，例如，要求一次扫描数据得到结果，不允许多次重复扫描。此外，流式大数据挖掘更多地考虑系统资源的消耗，如 CPU、内存空间、能量限制等。

2）问题理解（problem understanding，PU）

问题理解和描述是 PM-DSM 的最初阶段。数据挖掘的一个目标是从数据集中获取决策的知识，同样在流式大数据挖掘中，首先必须明确需要从该问题领域的流式大数据中获取哪方面的知识，才能进行下一阶段的工作。这一过程的工作是根据背景知识给出流式大数据挖掘的问题描述，类似于软件项目开发中的需求分析。在问题理解的过程中，需要充分考虑流式大数据的特征。与传统数据挖掘不同，问题理解阶段会频繁参与流式大数据挖掘的整个过程，如参与模式评价阶段的过程。

3）流式大数据捕获（data streams capturing，DC）

由于流式大数据具有数量庞大、连续不断的特点，而且在某些领域数据分散分布，与传统的静态数据已经存储在存储器上相比，流式大数据在进行分析处理之前需要采用一定的技术截获数据并存储到存储器上。流式大数据捕获是指根据流式大数据挖掘工作的需要，将背景所产生的数据从整个历史或历史某一时间段上按照预定的数据格式，存储到指定的存储器上等待分析，如无线传感器网络领域[16]；或者直接输入至流式大数据挖掘服务平台进行在线数据挖掘，如金融股市等领域的流式大数据分析。

4）数据预处理（data streams preparation, DP）

数据预处理又称为数据准备。与传统静态数据挖掘不同，在流式大数据挖掘中，数据预处理的第一步工作需要决定抽取流式大数据历史上的哪一时间段内的项目序列进行处理。国内外提出的流式大数据的数据预处理模型有界标（landmark）模型、衰减（damped）模型和滑动窗口（slide window）模型[17-19]。界标模型是从某个界标到目前的整个流式大数据的历史上挖掘流式大数据的模式，故不适用于那些用户只关心最新的流式大数据信息的应用领域[19]。衰减模型是从那些每个事务数据都有一个权值并且这个权值随着时间的推移衰减的流式大数据上挖掘流式大数据的模式，所以它仅适用于旧的数据对挖掘结果有影响，但是随着时间推移衰减的应用领域[17]。滑动窗口模型在一个时间滑动窗口上发现并维护流式大数据的模式，窗口中所有的事务在离开窗口前都要对它们在当前挖掘结果上的影响进行维护[18, 20]，它已成为目前流式大数据预处理的主要模型。

通常，获取的数据包含大量的噪声数据、冗余数据、稀疏数据和不确定数据。确定好数据预处理模型之后，需要对进行挖掘的数据进行抽取、清洗、转换和装载。具体包括数据的清洗、集成、选择、变换、规约以及数据的质量分析等步骤[21]，所以流式大数据预处理包括大量的算法和技术。

5）挖掘模式（mining pattern，MP）

挖掘模式是挑选流式大数据挖掘算法、确定流式大数据上下文参数并加以实施的过程，其是流式大数据挖掘过程模型的核心环节。实质上，挖掘模式阶段提供了一种面向流式大数据挖掘过程的挖掘引擎。流式大数据挖掘过程的挖掘模式阶段是在数据预处理阶段得到的数据上建立一种可以有效描述已有数据的模式，并希望该模式能够有效地应用到未知的数据。挖掘模式的方法从功能上可以分为回归分析、关联分析、分类分析、聚类分析等，模式的表现形式可以分为线性函数、非线性函数、决策树、规则等。挖掘模式是一个反复的过程，根据流式大数据的上下文变化，如流式大数据的流速、问题背景的变化都会要求重新定义挖掘模式。流式大数据的特征对挖掘模式提出了新的挑战，例如，人们希望挖掘模式能够一次扫描数据迅速得到有价值的模式，对算法的性能也有更高的要求。

6）模式评价（pattern evaluation，PE）

模式评价是将发现的模式或者知识与用户的需求进行比较，根据问题理解阶段的需求对流式大数据挖掘过程中的某些处理阶段进行优化，直到满足要求。挖掘模式的输出称为模式，其实质是对数据间关系的描述，对模式的解释和评价形成知识。在流式大数据挖掘中，通常用到的模式有回归模式、关联模式、分类模式、聚类模式、时间序列模式等。

判断挖掘得到的模式是否满足用户的需求，是否具有实际意义和价值，需要对模式进行检验评估。关于评估的方法，一种是直接使用原先建立的挖掘数据库中的数据来进行检验，或另找新的测试数据并对其进行检验，另一种是在实际运行环境中进行真实数据的检验。这个过程也是一个反馈的过程，如果得到的模式没有实际意义、没有实用价值或者不能满足用户需求，就需要返回挖掘模式的过程，如图 1.2 所示。

7）模式部署（pattern deployment，PD）

该过程是将模式评价阶段确定的模式以用户可理解的方式发布，包括模式的图表形式、实验环境参数、实验结果的报表。模式发布的目的是提供有实用价值的知识，指导决策者作出相关的决策，或将流式大数据挖掘的结果转化为商业价值等。

8）模式维护（pattern maintenance，PM）

流式大数据与传统的静态数据不同，随着时间的推移，数据不断出现，数据的分布特征不断变化，这使得流式大数据挖掘得到的模式也随着时间的变化而变化。因此，需要通过模式更新维护过程来维护流式大数据不断变化的模式。

## 1.2.2　构建流式大数据挖掘服务平台需求分析

流式大数据挖掘服务平台是实施流式大数据挖掘的软件系统平台，是处理流式大数据的数据挖掘系统。流式大数据挖掘领域的研究发展突显出了研究流式大数据挖掘服务平台的紧迫性。

（1）流式大数据挖掘算法层出不穷[17, 19, 20, 22, 23]，但缺少有效的流式大数据挖掘服务平台来合理利用这些算法。在流式大数据挖掘过程的流式大数据捕获、数据预处理，尤其是挖掘模式阶段都有许多相应的算法。与传统静态数据相比，流式大数据的上下文因素对流式大数据挖掘的算法有更高的要求。不同的流式大数据场景与领域、不同的数据预处理模型，需要不同的流式大数据挖掘算法，然而目前流式大数据挖掘算法很多，但局限性很大，利用率低，往往仅解决某些特定条件和特定领域的问题。流式大数据挖掘领域的研究不仅需要研究从时空复杂性角度提供高性能的算法，而且需要研究算法如何加以利用。与设计一辆汽车相似，流式大数据挖掘的各种算法如同设计出车轮、方向盘等组件，但更需要设计"驱动杆"，这样很多有价值的流式大数据挖掘算法才能有用武之地。

（2）大量的工作放在了流式大数据挖掘算法的提出与改进上，仅有少量的工作放在了流式大数据挖掘的理论基础研究上[24, 25]。所谓研究流式大数据挖掘的理论基础，是指探讨流式大数据挖掘的本质是什么的研究，如同关系代数和关系演算是关系数据库的理论基础，在流式大数据挖掘领域，目前还缺少统一的流式大数据挖掘理论基础体系。事实上，流式大数据挖掘的理论基础十分重要，缺少对流式大数据挖掘理论基础的研究，会阻碍流式大数据挖掘服务平台开发人员正确地解析流式大数据挖掘领域专家的算法内涵。流式大数据挖掘领域专家提出的算法如果不能让开发人员正确理解，就很难发挥算法的效用。

（3）流式大数据挖掘服务平台是一个复杂的系统，它的复杂性一方面体现在对于系统开发人员，认识流式大数据挖掘的过程和算法是较困难的事情，流式大数据挖掘技术的专家与流式大数据挖掘服务平台开发人员之间存在着问题认识程度上的代沟。另一方面流式大数据挖掘面临的数据具有海量性、不完全性、随机性、实时性、动态性、分布性等复杂的性质，这些性质增加了开发流式大数据挖掘服务平台的难度。算法的动态扩展、数据的透明集成、知识的迭代精化成为快速、高效和智能流式大数据挖掘服务平台的要求[26]。下一代网络——语义 Web 的出现和发展[27]，为实现流式大数据挖掘服务平台的这一要求提供了解决思路。然而，目前将流式大数据挖掘服务平台设计与语义 Web 结合的研究还很少。

总的来说，如何将流式大数据挖掘研究领域和语义 Web 研究领域结合，构建快速、高效和智能的流式大数据挖掘服务平台，实现流式大数据挖掘算法的动态灵活扩展、数据的透明集成、挖掘结果模式的迭代精化，是当前流式大数据挖掘研究的迫切要求和焦点问题。

# 1.3　国内外相关研究进展

## 1.3.1　流式大数据挖掘技术的发展

数据挖掘是从大量的数据中发现隐含模式和知识，并应用这些模式和知识来进行预测的过程。自 20 世纪 70 年代关系数据库理论[28]提出以来，数据挖掘受到了学术界和工业界的广泛关注。20 世纪 80 年代以来，为解决"数据丰富，知识贫乏"的困境，数据库中的知识发现（KDD）和数据挖掘技术作为数据库与统计学、人工智能、机器学习等技术的交叉学科，获得了巨大成功和持续发展。众多数据挖掘技术和算法不断提出和更新[2, 29-37]。

KDD 一词在 1989 年 8 月美国底特律市召开的第一届 KDD 国际学术会议正式形成，它强调从数据库中进行知识发现的终端产品是"知识"。1996 年，Fayyad 等给出了 KDD 的精确定义：从数据中获取有效的、新颖的、有潜在应用价值并最终可理解的模式的非平凡过程[38]。该定义被学术界和产业界广泛接受。

数据挖掘最早是在 1995 年美国计算机学会召开的第一届知识发现和数据挖掘国际会议上正式被提出的。Fayyad 认为，数据挖掘是 KDD 过程的一步，即通过使用各种数据分析和发现算法，在可接受的时间内产生模式，这种模式也称为知识[38, 39]。数据挖掘是知识发现过程中对数据真正应用算法抽取知识的一步，是知识发现过程中的重要环节。经过预处理的数据的质量和数据挖掘算法的有效性对知识发现过程的输出都会产生很大的影响。然而在很多文献中，数据挖掘和数据库中的知识发现这两个术语通常可以不加区分地使用。持这种观点的人们认为：数据挖掘和数据库中的知识发现都是从大量无序数据中发现隐藏的、潜在有用的模式和知识的过程。本书认为：数据挖掘是采用数学、统计学、人工智能和机器学习等领域的科学方法，从大量的、不完全的、有噪声的、模糊的、随机的数据中提取隐含的、预先未知的、具有潜在应用价值的模式的过程。

数据挖掘的发展经历了几个阶段。数据挖掘发展的初期阶段是统计回归分析阶段。在该阶段，统计回归分析技术被用来从数据集中探测和验证预先的假设。伴随着机器学习领域的发展，数据挖掘发展结合了机器学习技术，处理的数据对象从少量的数据元素集合扩大到了数据库，这一阶段产生了大量的数据挖掘算法[15, 29, 40, 41]。网络和并行技术的发展促使分布式并行数据挖掘出现，这种数据挖掘的目标是从大规模数据集的各个子集中抽取知识，然后将各个子集产生的知识集成并形成数据集的全局模式或知识[12, 42, 43]。

近几年，流式大数据挖掘成为数据挖掘发展的新阶段[44]。许多应用领域产生了大量流式大数据，如传感器网络捕获的流式大数据、社交网络中各个终端持续地产生流式大数据、互联网访问中的点击流、计算机网络监控中的流式大数据、金融股市的证券流式大数据和电话数据管理的通信流式大数据。与传统静态数据挖掘一样，流式大数据挖掘包括关联分析[18, 19, 45, 46]、分类分析[47-49]、聚类分析[22, 50, 51]和时间序列分析[23, 52-55]等。作者在 2013 年编写了面向云计算的流式数据清洗软件，该软件模拟产生金融股市的流式大数据，仿真实现流式大数据的脏数据处理过程，并申请了软件著作权[①]。

2014 年，从事自动驾驶汽车研究的李德毅院士指出，泛在的传感器、移动互联网和云计算造就了大数据时代的到来。我国汽车行业在历史上面临困惑的时期，"用市场换技术"的思路没有换回来技术，如今自动驾驶迎来了新的机遇期。在他的自动驾驶程序中，有众多流式大数据实时处理算法[②]。在他的人工驾驶和自动驾驶长期并存的理念中，让更多更好的异构传感器不断地采集汽车行驶过程中的大数据，通过实时计算来时刻关注驾驶过程中的汽车周边状况并作出响应。

然而，很多传统的数据挖掘算法和技术已不能满足流式大数据挖掘的要求，流式大数据的特征给流式大数据挖掘带来了很多挑战[46, 56]。以流式大数据上的关联分析为例，当前流式大数据关联规则挖掘面临的挑战如下：①对于在线流式大数据来说，没有足够的空间来存储所有的流式大数据，压缩存储空间对于关联规则挖掘来说是必要的；②由于流式大数据的连续、无边界、高速的特征，流式大数据上关联规则挖掘不能容许重复扫描整个数据库或者像传统数据挖掘算法那样只要有更新就可以多次扫描；③由于流式大数据的数据分布特征不断变化，关联规则挖掘的方法必须适应它们不断变化的数据分布，否则容易引起概念迁移问题[48]；④由于在线流式大数据的高速特征，它们需要尽可能快的处理速度，流式大数据挖掘算法的速度必须快于数据到来的速度，否则需要牺牲挖掘结果的精确度来提高处理效率，目前已有一些算法应用数据近似[19]、采样[57]和降载[58]等技术来提高挖掘效率；⑤由于流式大数据无限和资源有限的矛盾，需要一种适应有限资源的挖掘机制，如考虑内存空间消耗和能量消耗等，否则挖掘结果的精度会降低。

美国伊利诺伊州立大学香槟分校的 Han 教授领导的团队在流式大数据挖掘上做出了较大的贡献[48, 51, 59-61]。国内东南大学、东北大学和哈尔滨工业大学等在流式大数据挖掘上做了较多研究工作，并提出了很多高效的挖掘算法[62-67]。

在 2005 年 IEEE 数据挖掘国际会议（ICDM 2005）上，Yang 和 Wu 广泛征求

---

① 朱小栋. 面向云计算的流式数据清洗软件[P]: 中国, 2014SR203096.

② 李德毅. 大数据时代的跨界创新——机器人革命真的要来了[R]. 2014-07-15: 上海市委党校哲学社会科学教学科研骨干研修班[2015-03-01].

世界数据挖掘研究专家的意见，提出了数据挖掘研究领域的十个挑战性问题[68, 69]，其中包括创建统一的数据挖掘理论体系问题、基于高维高速流式大数据的挖掘问题和流式大数据挖掘服务平台过程相关问题等。由此可见，国内外学术界近几年非常重视以流式大数据挖掘为主题的研究。

### 1.3.2　流式大数据挖掘服务平台的历史发展和现状

数据挖掘系统是实施数据挖掘的最终平台，流式大数据挖掘服务平台是在流式大数据上的数据挖掘系统。数据挖掘应用的开展吸引了众多商业机构和研究学者，随之涌现出了一批商业系统或研究性的原型系统[70]。

国外比较典型的商用系统包括 SAS 公司的 Enterprise Miner[71]、Oracle 公司的 Oracle Data Miner[72]、IBM 公司的 Intelligent Miner[73]、SPSS 公司的 Clementine[74]等，研究性系统包括新西兰怀卡托大学的 Weka[75]、Mining Mart[76, 77]、YALE[78, 79]、PaDDMAS[42]、Quest[80]、DBMiner[81]等。国内对数据挖掘系统的研究处于科研起步阶段，如复旦大学开发出的 CIAS[82]、南京大学开发的 Knight[83]、 中科院计算研究所智能信息处理重点实验室开发的 MSMiner[84]等。上述系统适宜处理已存储在存储器上的静态数据，而对于处理目前高速实时的动态流式大数据还存在很大的局限性。

Google 的 MapReduce 编程模型、开源 Hadoop 分布式计算系统为批量大数据挖掘提供了高效、稳定的技术支持[2, 7, 8]。Yahoo 公司推出了 S4 流式计算系统[85-88]，Twitter 公司推出了 Storm 流式计算系统[89, 90]，Microsoft 公司推出了 TimeStream 系统[91]，LinkedIn 公司推出了 KAFKA 系统[92]。这些系统推动了流式大数据挖掘的发展和应用，然而，这些系统面临数据吞吐率低、实时性弱、鲁棒性低的缺陷，在可伸缩性、容错性、负载均衡性、数据吞吐率等方面面临前所未有的挑战。如何构建高吞吐率、低延迟且持续可靠运行的流式大数据挖掘系统，满足流式大数据挖掘的需求，是当前亟待解决的问题[2]。

数据挖掘系统的历史发展可分为如下阶段：

（1）第一代数据挖掘系统。第一代数据挖掘系统的特点是支持一个或少数几个数据挖掘算法。这些算法处理的数据模型是向量数据，即一组有序数据元素的集合。在挖掘的时候，将数据一次性调进内存进行处理。这样的系统多见于早期商业化产品和一些实验原型系统。

（2）第二代数据挖掘系统。第二代数据挖掘系统支持数据库和数据仓库，并和它们具有高性能的接口，具有较高的可扩展性。第二代数据挖掘系统能够用来挖掘高维数据、动态流式数据等，这些数据的特征往往不能一次放入内存。典型的系统包括 SPSS 的 Clementine[74]、SGI 的 MineSet[93]、IBM 的 Intelligent Miner[73]等。

（3）第三代数据挖掘系统。第三代数据挖掘系统能够挖掘 Internet/Extranet

的分布式和高度异质的数据，并且能够有效地和操作型系统集成。这一代系统的关键技术之一是提供对建立在异质系统上的多个预测模型（或称为预言模型（predictive model））的统一管理。典型地如 SPSS Clementine 8.0 用 PMML[94]对模型进行表示和管理，以方便与其他系统交互。

（4）第四代数据挖掘系统。第四代数据挖掘系统能够挖掘嵌入式系统、移动系统和普适计算（ubiquitous computing）设备产生的各种类型的数据。

（5）第五代数据挖掘系统。第五代数据挖掘系统期望构建快速、高效和智能的大数据处理平台，以适应大数据的大量性、高速性、多样性，并期望获得价值巨大的知识和规律。

本书所研究的流式大数据挖掘服务平台正处在第五代。流式大数据挖掘服务平台的研究及开发，致力于提高系统的智能性、易用性、高效性，尽可能多地为流式大数据挖掘过程的多个阶段提供支持。然而由于商业系统规模庞大、价格昂贵、非商业系统的专业化，再加上实际问题，如面对大规模的高速动态流式大数据、资源有限等因素，当前大规模的流式大数据挖掘服务平台的应用还没有有效地展开。

## 1.4　全书组织结构

本书共 9 章，每章的主要内容如下：

第 1 章绪论，阐述本书的选题背景，给出国内外的研究现状，列出本书的主要工作和需要解决的问题，并给出本书的组织结构。

第 2 章云计算与云环境，介绍云计算的概念和层次，提出引入资源即服务的四层云计算层次，以及云环境下的流式大数据采集方法。

第 3 章元理论，提出元的理念，给出元数据的概念，并提出流式大数据挖掘服务平台的元数据概念，以及元建模视角下流式大数据挖掘平台的构建思路。

第 4 章预测模型标记语言的扩展理论，提出一种具有语义描述功能的扩展预测模型标记语言。首先分析预测模型标记语言的不足，接着阐述设计 EPMML 的思路来源，然后提出 EPMML 的逻辑基础——描述逻辑 DL4PMML，最后详细设计 EPMML 的体系结构和语言要素，分析并对比 EPMML 与其他标记语言的推理复杂性。

第 5 章基于 EPMML 的流式大数据挖掘服务平台元数据分析与验证，提出流式大数据挖掘服务平台的元数据体系结构，分析基于 EPMML 的流式大数据挖掘服务平台元数据，阐述基于 EPMML 的知识表示，接着提出基于 EPMML 的数据挖掘元数据一致性管理框架，最后通过实例验证 EPMML 的有效性和正确性。

第 6 章基于 EPMML 的流式大数据挖掘服务平台的数据组件建模，提出流式大数据挖掘的形式化数据建模的理念，采用形式化概念分析的理论对流式大数据结构和流式大数据规则提取建模，解释流式大数据上的挖掘，包括对关联规则和分类规则的解释。然后应用 EPMML 对流式大数据上的数据模型进行建模，给出具体的关联规则挖掘实例来演示 EPMML 如何描述数据组件并进行规则提取。

第 7 章基于 EPMML 的流式大数据挖掘服务平台的算法组件建模，提出构建流式大数据挖掘服务平台算法库的理念，并设计一种基于语义 Web 服务的流式大数据挖掘服务平台算法管理框架 AMF-DSMS，首先分析框架的组成模块和执行语义，然后分析 EPMML 如何描述算法服务和算法接口，最后通过实例演示分析验证 AMF-DSMS 的有效性和正确性。

第 8 章流式大数据挖掘服务平台框架的设计，首先设计流式大数据挖掘服务平台的整体框架，阐述各个组件和模块的功能，分析框架对于流式大数据特征的适应性，接着给出系统框架的行为语义，然后设计流式大数据挖掘服务平台的建模层次结构，最后分析基于 EPMML 的流式大数据挖掘元数据在系统中的作用。

第 9 章结束语，总结本书的主要贡献和创新点，提出对流式大数据挖掘服务平台建模研究的深入思考，指出本书存在的不足，并提出进一步的工作方向。

本书的组织结构如图 1.3 所示。

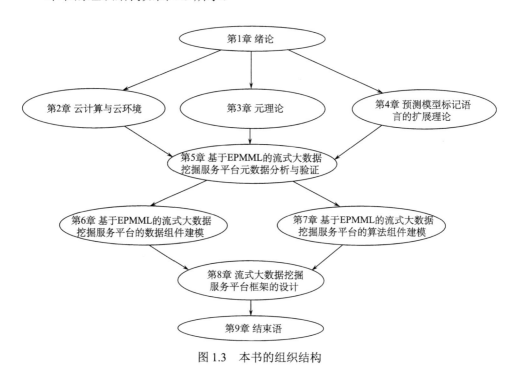

图 1.3　本书的组织结构

# 第 2 章　云计算与云环境

> 可是他什么衣服也没有穿呀!
>
> ——安徒生《皇帝的新装》

## 2.1　云计算的概念

云是互联网、网络的比喻说法。2006 年 8 月 9 日，Google 首席执行官 Schmidt 在搜索引擎大会上首次提出"云计算"的概念：它是基于互联网的相关服务的增加、使用和交付模式，通常涉及通过互联网提供动态易扩展且经常是虚拟化的资源。云计算的日益普及也意味着在当今社会，计算机已经可以作为一种商品在互联网上进行交互。事实上，云计算并不陌生，它是分布式计算（distributed computing）、并行计算（parallel computing）、网络存储（network storage）、虚拟化（virtualization）等传统计算机和网络技术发展融合的产物。大的信息技术公司，如 Google、Microsoft、IBM、Apple、Baidu、Tencent、Alibaba 等都在极力推动云计算技术的发展。

面对"云计算"这一新生概念，作者想到"人云亦云"这个词，这是科学研究者容易犯的错误，探索与发现新生事物内在的本质和真理是科学研究者需要秉持的精神，切忌如皇帝的新装那样成为笑话。

伴随着云计算及其相关技术的广泛应用，对于云计算的含义及其应用有着激烈的讨论。Armbrust 等[95]对什么是云计算、云计算和以前的模型（如 SaaS）有什么不同、为什么现在是云计算发展的最佳时机、云计算将创造什么样新的机遇、有哪些挑战以及如何应对等一系列问题进行了详细的解答。以云计算为主题的文献众多，Yau 等[96]发表的论文从软件工程的角度对云计算的应用系统开发所遇到的挑战问题进行了理论分析。张兴旺等[97]创建了基于云计算的大规模数据处理框架模型，说明了云计算在大规模数据处理中的可行性。刘真等[98]提出并实现了基于云计算的铁路数据模型，通过大规模铁路货票数据处理实例验证了其可扩展性和高效性。

基于云计算的解决方案可以使企业和用户能够便捷地访问大量计算资源，而成本可以忽略不计。通过把存储、商务应用程序和服务等这类信息技术功能转移到"云"上，组织机构可以尽可能地减少信息技术的整体成本。因此，企业再也不能忽视云计算提供的资金方面的好处。

　　**定义 2.1**　　云是基于互联网的复杂网络系统。

　　云平台不仅仅是一个平台、系统或者设备，它将 PC 以及其他设备的大量信息和处理设备集中在一起协同工作，使用平台中空闲的处理和存储设备最大限度地使用平台内的设备，对信息进行并行计算，从而实现高效的数据处理。

　　云涉及多个系统，如软件提供系统、物联网系统等，从而形成一个涉及多个系统的复杂网络。

　　**定义 2.2**　　云计算是利用系统资源池内的闲置资源，根据系统需求进行计算的集中计算模式。

　　云计算技术实现了不同资源的快速组建进而形成新的解决方案，可以实现异地资源本地化。云计算通过用户终端付费或免费的方式实现使用本身不具有的事物，也无须耗费精力对其进行维护，而且可以根据用户的需要增减服务。云计算能够通过平台将资源进行整合从而形成新的问题解决方案，为用户节省成本。云计算通过并行计算实现了数据的快速处理，形成多种备选方案，具有良好的可扩展性，通过免费或购买的方式实现这些服务产品的使用，具有快速的实施速度，并且在这一系列活动过程当中没有产生任何环境负担，是绿色无污染的产业活动。

## 2.2　云计算的层次

　　云计算是一种基础设施的交付和使用模式，狭义上是指通过网络以按需、易扩展的方式获取所需资源，广义上是指通过网络以按需、易扩展的方式获取所需服务。云计算描述了一种基于互联网的新的信息技术服务增加、使用和交付模式，常涉及通过互联网提供动态、易扩展而且经常是虚拟化的资源。中国云计算中心认为云计算是一种基于因特网的超级计算模式。

　　一般地，云计算包含以下三个层次的计算：

　　（1）基础设施即服务（infrastructure-as-a-service, IaaS）：消费者通过互联网可以从完善的计算机基础设施获得服务。

　　（2）平台即服务（platform-as-a-service, PaaS）：将软件研发的平台作为一种服务，以 SaaS 的模式提交给用户。

　　（3）软件即服务（software-as-a-service, SaaS）。通过 Internet 提供软件的模式。用户不需要购买软件，而是供应商租用基于 Web 的软件来管理企业经营活动。PaaS 也是 SaaS 模式的一种应用，但是 PaaS 的出现可以加快 SaaS 的发展，尤其是加快 SaaS 应用的开发速度。

　　图 2.1 给出了云计算的三层架构示意图。

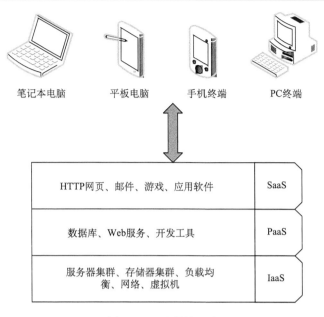

图 2.1　云计算的层次

　　在 IaaS 上，计算能力和存储的基本设施是基于"云"的，并且可以按需获取。例如，亚马逊的弹性云、Rackspace（全球三大云计算中心之一）、亚马逊的简单存储服务、GoGrid（云计算平台）。这种模式的好处是可以按次付费，满足计算需求的资源弹性。在 PaaS 上，服务提供商在"云"上提供了一个建立和部署应用程序的综合解决方案栈。例如，SalesForce（客户关系管理软件服务提供商）、GAE（Google 主推的 PaaS 云端平台）、微软的云计算服务平台 Azure。这种模式的好处是可以在网上提供软件开发生命周期的所有环节，包括设计、测试、版本控制、维护、托管。在 SaaS 上，用户不需要在自己的计算机上安装软件，只要通过轻轻的单击（如网页浏览器或者手机应用程序）就可以使用集中托管在"云"上的应用程序，如 Joyent（云计算软件和服务提供商）和 SalesForce CRM。这种模式的好处是集中配置和托管，不需要重新配置就可以进行软件升级更新，还有加速的交付这个特征。

　　在文献[99]中，作者提出引入资源即服务（Resource-as-a-service, RaaS）的理念。尽管基础设施、软件、平台从某种意义上讲是资源，但是作者的理念是，在云环境中，所有能够共享、能够像水电煤一样的资源都应当是一种服务，如数据、本地资源、网络资源等。通过云计算对数据的使用指明云计算的核心问题就是对资源的应用，明确地提出了引入 RaaS 的云计算架构。扩展之后的云计算体系结构如图 2.2 所示。

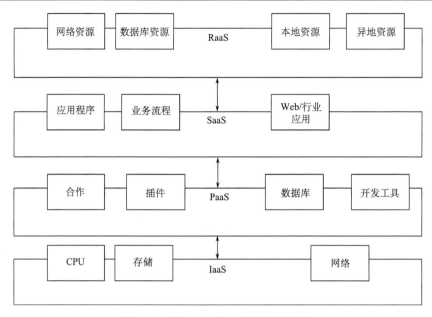

图 2.2 引入 RaaS 的云计算体系结构

就云计算的作用而言，云计算代表了信息技术效率和业务敏捷性的集合。信息技术效率依托于可伸缩的软硬件资源的使用、工作效率的提高、公司间关系的协调、高度利用的服务。云计算的业务敏捷性可以迅速地部署计算工具，减少前期的资金花费，更快速地应对改变的市场需求。云计算消除了企业间的传统界限。基于云的解决方案的无缝交付的信息技术功能已经证明是可行的，并且对于它越来越多的接受也证明了其成本效益。

## 2.3 云计算服务的发展现状

自 20 世纪 90 年代末 SaaS 模式出现以来，云计算服务从积累阶段逐渐发展到目前的成熟阶段，如图 2.3 所示。

全球云计算服务市场的发展特点主要包括以下六个方面：

（1）全球云服务市场规模保持快速稳定的增长速度。Gartner 公司在 2013 年的报告中指出，2013 年全球公共云服务市场规模总计 1310 亿美元，实现了年增长率 18.5%。其中以 IaaS、PaaS 和 SaaS 为代表的典型云服务市场规模占到了 333.4 亿美元，增长率高达 29.7%[①]。若在接下来的五年中，云服务市场规模保持 15% 以

---

① Cashcow. Gartner: 2013 年全球公共云服务市场规模将达 1310 亿美元[EB/OL]. 2013-03-01. http://www.ctocio.com/ccnews/11580.html[2015-03-26].

上的增长率，那么到 2018 年，全球云服务市场的规模将有望突破 2800 亿美元。

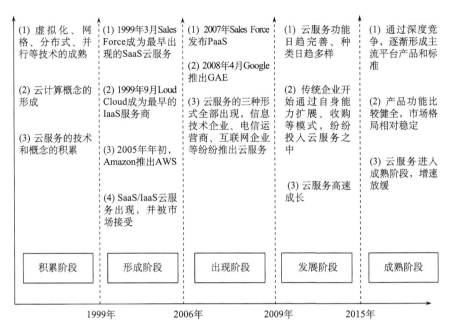

图 2.3　云计算的发展阶段

（2）全球云计算服务市场以欧美发达国家和地区为主导。2013年的全球调查统计数据表明，美国、西欧分别占据了全球50%和23%的云服务市场份额，而我国云服务市场所占全球市场份额仅4%①，还处于行业形成阶段。由于云服务市场的规模受到国家信息化水平、经济发展水平以及信息、通信与技术（information communication technology，ICT）产业发展水平等多方面制约，可以预见在未来的很长一段时间内，全球云服务市场以欧美发达国家和地区为主导的格局不会发生根本性的变化。

（3）云服务已成为 ICT 领域最具活力的增长点之一。据 Black Duck 软件公司统计，截至 2012 年年底，平台型的云计算开源项目达到 470 多项，OpenStack 平均每 5 个月更新一次，Hadoop 平均每个月就有一个新版本发布。主流的云计算服务提供商的业务创新也不断提速，2012 年亚马逊 AWS 共推出了 159 项新的服务，而仅在 2013 年前 11 个月中，AWS 服务累计更新就达到了 243 项，同时其服

①　工业和信息化部电信研究院. 云计算白皮书[R]. 2014-05-12. http://data.catr.cn/bps/201405/t20140512_1017474.htm[2015-03-26].

务范围也从最初单纯的资源出租向包括信息技术资源、网络资源、软件资源、应用管理等在内的信息化整体解决方案方向发展①。

（4）云计算服务平台成为电子商务企业创业的重要孵化器之一。云服务不仅能够很大程度上降低创业初期信息技术构建和运营维护的成本，而且可以帮助企业快速形成成熟稳定的商业模式，从而大幅度地降低运营风险。据统计，美国新创立的电子商务公司中，90%以上的公司都使用了各种类型的云服务平台。

（5）低价策略已成为云服务商占领市场的重要手段之一。相关统计数据显示，Amazon 公司自推出 AWS 至今，AWS 的价格已连续下调了 30 多次，现在的价格降至 8 年前的 5%左右，这也促使谷歌和微软等大型云服务商相继采取降价的策略。谷歌在一系列大幅降价措施中，云计算的价格下调了 32%，云存储的价格下调了 68%，数据库服务降价达到 85%；同时微软也将云计算服务的价格下调了 27%~35%，将云存储服务的价格下调了 44%~65%。同样在国内，2014 年 3 月 25 日，阿里云将其云服务器价格全面下调，最高降价幅度达 30%，其中，用户使用较多的 0~500G 云存储价格直降了 42%，几乎比国内同行便宜一半。同时，其数据库云服务再次普降 15%。3 日后，阿里云又宣布将云服务器、云存储和云数据库价格全面下调。而在 2014 年 5 月，腾讯云服务器和云数据库全线降价，降幅高达 53%，云服务器更低至 3 折②。由此可见，低价策略已经成为国内外各主流云计算服务商占领市场的最主要手段。

（6）开源已成为"行业标准"架构，进而促进云计算的持续化发展。除了 Google、Amazon 公司等在云技术领域拥有绝对领先实力以外，采用开源的方式已经成为绝大多数公司进行云计算平台开发的基础架构。通过 OpenStack、Hadoop 等部分开源技术已经建立起的产业生态,成为汇集产业不同环节中不成文的"标准"。

我国云服务市场正处于低总量、高增长的粗犷式发展初期阶段。电信研究院 2014 年统计数据表明，2013 年我国云服务市场规模达到 47.6 亿人民币，约合 7.6 亿美元，占全球云服务市场份额的 4%，增速达到了 36%，远高于全球平均水平。2012 年，IDC 对中国云计算市场的研究显示，云计算基础架构市场在国内还将保持高速发展，到 2016 年其预计规模将超过 20 亿美元。

我国政府也高度关注云计算领域的发展，从制定战略、规划、政策、组织研究开发与应用试点示范等多方面开展工作。《国家十二五规划纲要》和《国务院关于加快培育和发展战略新兴产业的决定》都把云计算列为重点发展的战略性新

---

① AWS. Invent 2014 Recap. http://reinvent.awsevents.com/recap.html.

② 比特网. 云计算价格战常态化, 生态军备竞赛打响[R]. 2014-05-27. http://cio.chinabyte.com/424/12961424.shtml[2015-03-27].

兴产业[1]。同时，为了落实国务院决定，2010 年 10 月 18 日，工业和信息化部与国家发展和改革委员会联合印发了《关于做好云计算服务创新发展试点示范工作的通知》[2]，确定在北京、上海、深圳、杭州、无锡这 5 个城市先行开展云计算服务创新发展试点示范工作，突破虚拟化技术上的障碍，探索云计算服务的行业标准体系，并在制造业、农业和服务业等领域推广云计算应用及服务模式。

我国云计算市场的发展特点主要体现在以下五个方面：

（1）用户对于云计算服务的认知度和采用度正逐步提高。2013 年，电信研究院对 1300 多家企业的调查结果显示，云计算的认知水平和使用程度均比往年调查情况有显著提高。其中，对云计算有一定了解的占受访企业的 95.5%（2012 年的调查数据为 79%），38% 的受访企业已经有云计算应用（2012 年的调查数据为 27.5%）。在已有云计算应用的企业中，76.8% 的受访企业愿意将更多业务向云服务平台迁移。

（2）国内云服务应用以云主机和云存储等资源租用类服务为主。调查结果显示，目前云服务的主要形式是包括云主机、云存储、云邮箱等资源出租型应用，占调查总数的 45%。同时在对未来希望采用的云服务类别的调查中，很多受访者选择开发平台服务等 PaaS 类的云服务模式，说明未来 PaaS 具有很大的发展空间。

（3）云服务对于我国电子商务企业发展的作用不断提高。以淘宝"双十一"活动为例，2012 年淘宝"双十一"活动仅有 20% 的业务量在云端实现，2013 年则达到了 75% 以上。2013 年淘宝和天猫 80% 以上的网店的进销存管理系统都已迁移至"聚石塔"的阿里云服务平台。阿里云服务平台以其超强的弹性支撑能力完美地解决了系统访问量不可预测、瞬间高并发访问使后台系统崩溃等问题。同时，云服务平台对于企业转型和电子商务企业创新创业的支撑能力也在显著上升。截至 2013 年 9 月，阿里云上运行的服务器数量达到 1.8 万个，比 2012 年增长了 500%，托管的域名数量从 9 万个迅速增至 39 万个，其中活跃网站数量也从 2 万个增长到15 万个[3]。

（4）我国在云计算技术的研发上已取得突破性进展。从目前国内主要云服务企业进行技术研发的实践来看，开源软件已经成为云计算技术的最重要来源，如阿里巴巴搭建了基于 Hadoop 的"云梯"系统集群作为集团及各子公司进行业务数据分析的基础平台，目前"云梯"系统规模已经达到万台级别。腾讯公司也基于 Hadoop 和 Hive 技术构建了腾讯分布式数据仓库，单集群规模达到 4400 台，

---

① 赵克衡. H3C: 云，以开放为本. 2014-04-25. http://network.51cto.com/art/201204/331855.htm[2015-03-26].

② 李佳畔. 打造一片更利于民生的"云". http://www.cena.com.cn/a/2011-01-18/129532915752167.shtml [2011-01-18].

③ Building the Great Cloud of China, Netcraft.

CPU 总核数达到了 10 万级别，存储容量超过 100PB，承担了腾讯公司内部所用离线数据处理任务。在信息技术基础设备的应用创新方面，国内企业也取得了众多成果。2012 年年底，百度、腾讯、阿里巴巴、中国电信、中国移动等公司启动了代号为"天蝎"的云服务项目，将服务器与机柜设计结合为一个整体，形成了一体化高密度的整机柜服务器解决方案①。

（5）我国云服务平台供应商的服务能力较弱，还有待提高。2013 年，云计算发展与政策论坛开展了"可信云服务认证"活动，对国内 10 家主要云服务企业超过 20 种公共云服务的服务等级协议（service-level agreement，SLA）的完整性、服务质量、服务水平等进行了可信度分析与评估②。从评估结果来看，虽然参评的云服务商和平台通过整改和完善都达到了评估的要求标准，但是在服务可靠性、服务流程合理性、服务界面易用性、服务协议规范性等方面均存在一定的不足，国内云服务商与国际领先企业相比，还存在较大的差距，有待全面提高。

在各种云服务日新月异发展的今天，无论对企业还是个人而言，云服务所带来的价值都是显而易见的。尽管如此，我国的云服务发展仍然面临着很多问题。

（1）云服务行业尚未建立完整的服务体系，用户对云服务平台的使用缺乏信任。2009 年 IDC 的调查报告显示，安全性、可用性和性能是用户使用云服务最关注的三方面③；另外，支付模式的经济性、系统的兼容性、现有信息技术基础设施的继承性及定制化的灵活性等焦点也有超过 75% 的受访用户表示关注[78]。同样在2013 年我国电信研究院的调研中，调查者最关心的问题也集中在云服务的稳定性和安全性上。我国目前尚未建立相应的政策法律和监督机制，在云服务安全、服务质量等方面缺乏相关标准，没有建立起以评测认证为主要方法的认证服务体系，导致用户在选择云服务时产生顾虑和担忧。

（2）"重建设，轻服务"的信息技术建设传统观念需转变。与国际上以服务采购为主相比，硬件采购低于 30%，国内信息技术采购仍以硬件为主，各行业信息技术采购中硬件份额均超过 50%，我国以建设投资为主的信息技术行业发展模式严重阻碍了云服务在垂直行业领域的应用和发展。另外，云服务将以往静态的固定资产投入转化为动态的信息服务采购，传统的预算审计制度无法适应云服务的模式，这也应该在发展中得到足够重视。

（3）云计算在重点行业领域的应用和推广仍面临障碍。从国际上来看，政务、

---

① 腾讯科技. 中国电信携手阿里百度腾讯共推整机柜服务器. http://tech.qq.com/a/20121218/000116.htm
[2012-12-18].

② 云计算发展与政策论坛. http://www.3cpp.org.

③ Frank Gens. New IDC IT could services survey: top benefits and challenges. http://blogs.idc.com/ie/?p=730
[2009-12-15].

教育、金融、工业制造等行业的云计算应用已经逐步展开，并成为云计算重要的市场领域。在国内，虽然云服务已经纳入政府采购目录，并且政府也已经将采购社会化服务作为未来政府采购的重点和方向，但是采购服务，尤其是云计算服务所必需的标准规范、合同范本、采购管控、评估认证、后期管理等相关配套制度和管理机制尚未建立，云计算在垂直行业领域的发展仍面临着诸多障碍。

在上述三个问题中，完整可靠服务体系的建立关系到我国云服务是否能够高速健康地发展，同时有助于云服务运营商更好地将云服务平台在各领域中推广，更好地满足不同客户的个性化需求，从而提高客户满意度。

## 2.4　云环境下的流式大数据采集方法

目前，网络数据采集大致包括利用网络爬行器、网络抓包软件、商业搜索引擎、Web 日志文件抓取，以及其他一些网络信息的数据采集方法等。Bharat 等在 1998 年设计的所谓"连接服务器"，以 AltaVista（一个拥有 1 亿个 URL 地址的大型爬行器）作为基础。2000 年，Broder 等进一步提出"连接服务器"的改进版，可以提供新近收集的数据，并利用图形描述 Web 的结构关系。数据的采集结果直接关系到所要验证结果的准确性，这一环节至关重要。

云计算可以实现数据规则的更改，对不符合采集规则的任务进行二次设定，从而得出规范的数据，为下一步的数据预处理工作带来极大的方便。云环境下的数据采集模型如图 2.4 所示，数据采集的各个阶段划分很重要，能够帮助用户获得合适的数据。

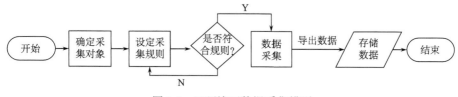

图 2.4　云环境下数据采集模型

（1）确定采集对象。从研究问题的角度出发，选取正确的数据采集方向。

（2）设定采集规则。由于数据的海量性，往往一批数据中包含众多冗余信息，选取需要的数据进行采集，舍弃冗余的、不必要的数据。同时检查采集规则是否合适，如果不合适，则重新设定采集规则，之后进行数据采集。

（3）导出数据。当数据采集结束后导出数据，并以所需的格式对数据进行存储。

数据采集所得到的大多数原始数据都是脏数据，严重影响了数据分析的准确性。伴随着云计算的兴起，对数据的处理速度和精确度有了更高的要求，因此，对数据进行预处理使其规范化和可操作，对数据的后期挖掘与分析极为有利。网络数据与日俱增，使得传统的数据预处理方式在云计算环境下已经不再适用。如何对网络数据进行及时、高效的预处理引起了越来越多学者的关注。

Hadoop 非常适合解决云环境下的大数据高并发问题，是一个能够对海量大数据进行分布式处理的软件框架。Hadoop 作为云计算实现规范和实施标准应运而生。使用 Hadoop，用户可以在不了解分布式底层细节的情况下开发出分布式程序，从而可以使用众多廉价的计算设备的集群的威力来高速地运算和存储，而且 Hadoop 的运算和存储是可靠的、高效的、可伸缩的，是分布式大数据处理的存储的理想选择。

云计算是利用资源池中的处理设备对数据进行集中处理，因此，要找到平台当中空闲适合的处理设备。采用广度优先树的方法能较好地搜寻平台当中的空闲设备。

图 2.5 给出了云计算下数据预处理模型示意图，从数据采集设备得到数据经过数据清洗与变换过程，云计算采用 MapReduce 进行数据处理，此处采用 MapReduce 模型进行数据的预处理，在 Map 环节当中同时将空值点、噪声点和不一致点清除，对需要变换属性的数据进行属性的变换。在 Reduce 环节当中去除冗余和数据集成，从而得出精简的数据。

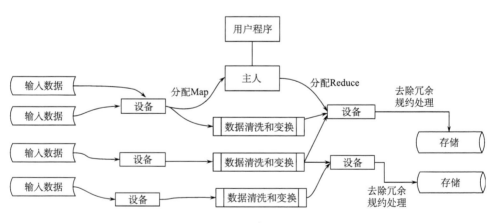

图 2.5　云计算下数据预处理模型

微博作为一个复杂网络的明显实例，也是一个云，PC 终端和云平台的交互形成了一个复杂网络，从而证实云是基于互联网的复杂网络。微博从无到有仅仅用了几年的时间，如今中国四大门户网站都已开通微博。腾讯新闻报道，2011 年上半年中国微博用户数量从 6311 万人增加到 1.95 亿人，半年增幅达 208.9%，手机微博的应用也成为亮点，手机网民使用微博比例也从 2010 年年底的 15.5%上升至 34%。现有的研究都集中在微博信息的舆论以及信息情报机制等方面。微博作为云平台下流式大数据的一个代表，对社会舆论导向具有很大的影响，研究其数据演变情况，对于流式大数据处理和引导社会舆论都具有重要意义。这里同样采用微博数据作为研究数据。

　　以 Twitter 网一周内的热点话题为例，在这类微博信息中，要求的数据是热点话题，因此在数据采集时只要侧重这几方面的采集规则即可。采集中的规则包括时间、标题、查询关键字（关键字）、事件等多方面。鉴于在数据分析中（假设）不会用到所有的数据属性值，在预处理中对数据进行清洗、变换、去冗等处理，最终得到简单明确的数据。

　　针对 Twitter 网站中一周内的热点话题数据的采集和预处理之后，能够快速得出图 2.6 所示的曲线。

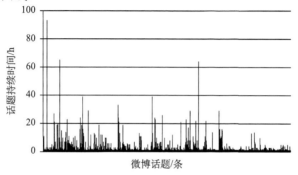

图 2.6　热点话题持续时间

　　由图 2.6 可见，一般性的话题其持续时间在 20h 以下，显示了网络微博数据的短寿命特征，而凸显节日性的话题则持续时间比较长，且这类数据也是舆论监督的重点，对于非常规的热点话题进行监督并对可能出现的突发事件进行调控。

　　尹红风等在文献[100]中回顾了钱学森先生晚年的开放复杂巨系统和思维科学，并分析了这些理论对计算机科学和云计算技术的发展所做出的理论贡献。云计算广泛应用于信息技术产业、电子商务、军事、物流等多个领域或者多个领域相结合的复杂网络当中。如何提高云计算的服务效率，并为终端用户提供准确的信息服务等已经成为学术研究和各个云服务商产业的新焦点，本章对当前云计算架构中的不足提出了引入 RaaS 的云计算架构，反映了云计算的信息资源服务层次，并对云环境中的数据采集和预处理进行了研究。

# 第 3 章 元 理 论

读书志在圣贤，非徒科第。为官心存君国，岂计身家。

——《朱子家训》

## 3.1 元 的 概 念

汉语言文字博大精深，弘扬了中华民族悠久的历史文化。然而，很多时候难以回避它容易引起歧义的弱点。相比较而言，英语在避免歧义方面具有显著的优势。举个例子，汉字"只"既可作为量词，表示单位的意思，又可作为副词，表示仅仅的意思。句子"船只靠在码头"，这句话存在几个意思：一个意思里"船只"是船的含义，另一个意思里"只"用来表示仅仅的含义。

查阅辞海，汉字"元"有 17 个释义，在本书中，研究元理论，取其中"本原"的释义。《春秋繁露·重政》中说"元者为万物之本"。

元数据是关于数据的数据。这里的元，英文为 meta。搜索维基百科和牛津词典，meta 的含义是"在……之上"和"超越"的意思。在计算机科学与技术领域，<meta>标签在网页源代码中使用，提供该页面的元信息，如针对搜索引擎和更新频度的描述和关键词。

下面提出 "元"的定义。

**定义 3.1** 元，记为 $\mathfrak{m}$ ，它是对一组对象集合的描述，$\mathfrak{m} = \dfrac{\Delta}{[\![\text{sets of objects}]\!]}$ ，这里 $\Delta$ 表示描述，$[\![\text{sets of objects}]\!]$ 表示对象的集合。横线隔为上下两层，表示元和对象的集合是不同层面的东西。

下面通过一些实例帮助读者理解元的理念。

生产线上根据产品模具批量地生产产品，如生产塑料玩具汽车需要模具，生产电视机等家电的塑料外壳需要模具，这里模具是具体产品的"元"。

3D 打印技术逐渐普及，通过 3D 打印机可以打印杯子、桌椅，甚至房子。存储在 3D 打印机内的产品模型是具体产品对象的"元"。

例如，EndNote 是管理参考文献良好的工具，由 Thomson Scientific 公司提供。一篇文献的相关数据录入 EndNote 里面，通过不同的格式模板生成不同的参考文献格式，如 IEEE 期刊支持的参考文献格式，或者 LNCS 期刊支持的参考文献格

式。在 Word 里面，仅需要通过鼠标进行插入操作，即可在需要引用的位置自动
插入符合需求的参考文献。因此，EndNote 工具大大简化了学者在撰写学术文章
时对参考文献的编撰工作。

这里，EndNote 的元数据是管理文献信息所需要的 Author（作者）、Year（年
份）、Title（标题）、Journal（期刊）、Volume（卷号）、Issue（期号）、Pages
（起止页码）等。它相对于具体的文献信息，是高一层面的数据，提供了约束文
献信息的模型。

总的来说，"元"提供了约束产品对象的模型。作者倡导用"元"的理念认
知事物。

## 3.2 元 数 据

元数据是关于数据的数据，它在许多领域有其具体的定义和应用。

### 3.2.1 数据仓库领域的元数据

在数据仓库（data warehouse）领域中，元数据被定义为：描述数据及其环境
的数据。它有两方面的用途，一方面，元数据能提供基于用户的信息，例如，记
录数据项的业务描述信息的元数据能帮助用户使用数据；另一方面，元数据能支
持系统对数据的管理和维护，例如，关于数据项存储方法的元数据能支持系统以
最有效的方式访问数据。

### 3.2.2 情报学领域的元数据

在情报学领域，元数据被定义为：提供关于信息资源或数据的一种结构化的
数据，是对信息资源的结构化描述。它描述信息资源或数据本身的特征和属性，
规定数字化信息的组织，具有定位、发现、证明、评估和选择等功能。例如，都
柏林核心元数据（Dublin core metadata）提供了信息资源元数据的国际标准[101]。

### 3.2.3 面向对象程序设计领域的元数据

在面向对象程序设计领域，元数据被定义为：在程序中不是被加工的对象，
而是通过其值的改变来改变程序的行为的数据。它在运行过程中起着以解释方式
控制程序行为的作用，在程序的不同位置配置不同值的元数据，就可以得到与原
来等价的程序行为。

### 3.2.4 流式大数据挖掘服务平台的元数据和元建模

在应用模型驱动架构（model driven architecture，MDA）[102]的软件开发理念

中，对元数据的理解如下：

（1）一个信息结构的任何形式化模型是定义该信息结构的元数据。

（2）元数据作为一个形式化并且平台无关的模型[103, 104]，可以独立于任何特定平台，并且可以被翻译为许多平台相关的模型，分别代表一个不同的目标平台。

下面给出面向流式大数据挖掘元数据的定义。

**定义 3.2** 流式大数据挖掘元数据是关于流式大数据挖掘服务平台的对象或内容（包括数据、系统、模式和规则等）的数据。

流式大数据挖掘元数据相对流式大数据挖掘服务平台而言是**元级**的数据。从流式大数据挖掘服务平台的元数据体系结构来看，它位于流式大数据挖掘服务平台上一层，关于流式大数据挖掘服务平台的元数据层次结构将在后面章节中详细分析。广义地说，开发流式大数据挖掘服务平台所用到的平台无关模型（platform independent model，PIM）是典型的流式大数据挖掘元数据，使用预测模型标记语言所描述的流式大数据挖掘服务平台的定义、模式、规则、预测的 PMML 文件也是流式大数据挖掘元数据。

**定义 3.3** 在软件工程领域，模型是以精确定义的语言对系统（或者系统的一部分）的功能、结构和行为作出的描述。

这里，精确定义的语言是具有精确定义的形式（语法）、含义（语义）以及可能的分析、推导或证明规则，这样的语言适合计算机自动解释。自然语言不是精确定义的语言，因为计算机无法解释它们。人们对模型的印象是大多一系列图表，如 UML 等，但并不限制模型看起来是什么样的形式，唯一的要求是精确定义。这样，系统开发过程中的源代码也可以看作系统的模型，因为它是用精确定义的语言表述的，编程语言可以被编译器理解，并且描述了一个系统，当然这样的模型是与平台高度相关的。

**定义 3.4** 在软件工程领域，元建模（metamodeling 或者 meta-modeling）是对软件系统中有助于系统建模（modeling）的框架、规则、约束、模型进行的分析、描述和构造。

研究元建模，可以根据领域需要制定合适的元模型以定义领域建模语言，与领域建模以及 MDA 相结合，元建模可以大幅度地提高软件系统的开发效率[105]。本书开展的核心工作之一是在元建模的高度设计一种语义支持的流式大数据挖掘服务平台建模语言，使用该语言描述流式大数据挖掘服务平台的框架、模型和规则，为实现快速、高效和智能的流式大数据挖掘服务平台提供理论基础和方法指导。

## 3.2.5 OMG 元数据体系结构

3.2.4 节定义了流式大数据挖掘元数据是关于流式大数据挖掘服务平台的对象或内容（包括数据、系统、模式和规则等）的数据。首先要对流式大数据挖掘服务平台元数据有较全面的认识和理解。

　　元数据是关于数据的数据，在数据仓库以及基于数据仓库的 OLAP（online analysis processing）和数据挖掘活动中占据非常重要的地位。然而，工业界中各个厂商推出的各种数据仓库管理和数据挖掘工具通常使用不同的元数据标准，这使得不同系统之间的数据交换变得困难。人们希望使用统一的元数据标准，这样各个不同组织的元数据具有统一的元模型，进而不同数据仓库和数据挖掘系统之间可以相互交换元数据。

　　元数据的集成是相当困难的，绝大多数业务产品存储元数据所使用的格式千差万别。通过一个特定产品提供的某些接口，可以访问该产品的元数据。但是，元数据易于访问不能说明它可以被完全理解。元数据的格式和语义，以及访问它的接口，在产品之间很少是统一的，而且这些元数据更多地偏重于产品内部的操作，而不是与其他产品的集成。造成各个厂商的产品元数据之间的差异有两方面的原因。一方面，软件产品和工具的设计和安装是相对孤立的。例如，某个厂商生产的 OLAP 服务器是根据该厂商内部的元数据定义设计的，这种定义对于该服务器是十分理想的，但是对于需要与该服务器协同工作的数据挖掘工具就不一定是这样的。另一方面，市场竞争的结果导致厂商之间不愿意进行元数据标准化。

　　数据挖掘厂商迫切需要公共的、标准的数据挖掘元数据，以支持数据挖掘产品与应用系统之间的数据交换、共享、集成和标准化。近几年来 DMG 和 OMG 在标准化数据挖掘元数据上做了一些工作，并分别推出了元数据交换标准——公共仓库元模型[106]和 PMML[94, 107, 108]。

　　OMG 于 2001 年 3 月颁布了元数据标准 CWM 1.0[106]。CWM 定义了一个描述数据源、数据目标、转换、分析、处理、操作等与建设和管理数据仓库相关的元数据基础框架，并且定义了建立和管理数据仓库的过程和操作，提供使用信息的继承，为在多个厂商的产品之间进行元数据的共享集成提供了切实可行的标准。图 3.1 给出了一种通过公共仓库元模型集成的信息供应链。

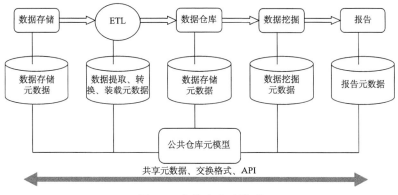

图 3.1　公共仓库元模型

　　CWM 的目标是将数据仓库和业务智能领域的共享元数据的交换格式标准化，将访问这些元数据的编程语言 API（application programming interface）标准化[104]。OMG 的初衷是要实现模型驱动架构，并制定了统一建模语言（unified modeling language, UML）、元对象设施[109]、XML 元数据交换和 CWM 等标准。OMG 通过以下步骤实现 CWM 的目标：

　　（1）使用统一建模语言为 CWM 定义共享元数据的模型。

　　（2）使用可扩展标记语言为 CWM 元数据生成交换格式的规范。

　　（3）使用 CORBA 接口定义语言（interactive data language, IDL）为访问 CWM 元数据生成编程语言 API 的规范。

### 3.2.6　数据挖掘元数据和元模型的研究现状

　　近几年来 OMG 和 DMG 在标准化数据挖掘元数据上做了一些工作，分别推出了元数据交换标准——CWM[106]和 PMML[94, 107, 108]。CWM 是由 OMG 的 CWM 工作组负责开发，并被 OMG 采纳的一种使用共享元数据的集成数据仓库和业务分析工具的开放式行业标准。CWM 主要关注商务智能领域，如 OLAP、数据挖掘中元数据的定义。提供 CWM 的目的是解决元数据的管理和数据仓库的集成问题，使不同的应用程序能够在不同的环境中集成。CWM 规范中详细定义了数据挖掘元模型。然而，参与建立元数据的数据挖掘厂商的不同经验、描述数据的不同角度以及数据挖掘技术的不断更新不可避免地会带来元数据的冲突问题，而目前 CWM 的自然语言和图形化特点使之缺乏精确的语义，所以在其上进行推理以自动发现元数据的冲突问题至今没有得到很好的解决。作者的研究团队前期在数据仓库元数据和数据挖掘元数据上做了一些工作[110-113]。文献[110]和文献[112]提出了一种描述逻辑家族特殊的形式逻辑 $DLR_{id}$ 来形式化 CWM 元模型和基于 CWM 的元数据进行推理以发现元数据中不一致信息的方法。文献[111]和文献[113]进一步提出了一种基于描述逻辑的策略进行基于 CWM 的数据挖掘元模型和元数据的冲突检测机制，解决了基于 CWM 的自然语言和图形化特点缺乏精确的语义的问题，取得了较好的效果。

　　用现有的数据挖掘元模型来构建面向数据挖掘过程的应用模型的工作包括：Zubcoff 等利用 CWM 提供的丰富语义信息构建用于数据挖掘分类分析的挖掘元模型[114]；Castellano 等利用 CWM 元模型构建数据挖掘过程的体系结构[115]；Chaves 等设计了一种基于预测模型标记语言的评测引擎 Augustus，可以用于进行数据准备和模型分割[116]。

　　Romei 等提出了基于 XML 的挖掘模型全过程描述语言（knowledge discovery in database markup language, KDDML），算法可以作为模块方便地添加到过程模型中[117]。Cheung 等研究了服务架构的分布式数据挖掘框架[118]。Lauinen 等研究了基于组件技术的数据挖掘框架，将挖掘算法作为组件构建挖掘模型，但该框架的自适应性不强[119]。Vilalta 等通过提取数据集的特征使用"元学习"的机制来辅助用户进行挖掘算法的选择[120, 121]。Domingos 在文献[122]指出了当前数据挖掘系统与实际应用间的巨大鸿沟，并提出使用马尔可夫逻辑（Markov logic）来表示相关知识，以供系统使用。文献[123]提出使用包含专家知识的"智能算法"和包含元数据和元知识的"智能数据"来强化挖掘过程等。在 Mining Mart[76, 77]软件系统中将数据预处理过程以元数据形式存储，并通过案例推理来支持预处理过程的重用，Kurgan 等在文献[124]提出了万维网环境下数据挖掘工具箱的概念。国内的工作有中国科学院杨立等采用元学习的方法来选择最适合的挖掘算法，并提出了挖掘系统的质量本体[125]，吉林大学的刘光远等提出一种基于工作流的数据挖掘 PMML 模型的实现方法[126]。

国内外在流式大数据挖掘和数据挖掘元数据上的相关研究工作为研究流式大数据挖掘服务平台建模提供了理论基础。本书在 DMG 提出的数据挖掘元数据标准 PMML 下，对预测模型标记语言进行了深入研究，设计了一种具有语义描述功能的 EPMML 作为建模语言，然后研究了 EPMML 在流式大数据挖掘服务平台构建中的应用。读者也可以参考文献[127]，从描述逻辑的角度认识 EPMML。

## 3.3　元建模视角下的流式大数据挖掘服务平台构建思路

构件技术是提高未来软件生产力的主要方法[128]。本书面向流式大数据挖掘服务平台的构建方法问题，将基于构件的软件设计理念贯穿本书，提出数据组件和算法组件是流式大数据挖掘服务平台两个必不可少的组件，本书从元建模的高度，设计了一种具有语义描述功能的建模语言 EPMML，然后研究 EPMML 在流式大数据挖掘服务平台组件中的应用。为此，本书接下来的研究思路如下：

（1）提出一种扩展语义的 EPMML，设计 EPMML 的形式逻辑基础——DL4PMML 逻辑。同时，研究如何应用描述逻辑构建 EPMML，分析应用描述逻辑的 EPMML 构造过程，EPMML 具有可判定的逻辑基础和严格的形式化机制，使得基于 EPMML 的数据挖掘元数据一致性易于管理和维护。

（2）提出流式大数据挖掘服务平台的元数据体系结构，并分析基于 EPMML 的流式大数据挖掘服务平台元数据。分别从知识表示和知识推理的角度，分析如何使用 EPMML 进行知识表示，设计基于 EPMML 的流式大数据挖掘元数据一致性检测框架。通过实例验证 EPMML 支持知识推理的正确性和有效性，给出实例来演示基于 EPMML 的知识推理和语义一致性检测。

（3）提出流式大数据挖掘服务平台的数据建模理论，并分析 EPMML 在流式大数据挖掘服务平台数据管理中的应用，提出面向流式大数据挖掘的数据建模理论。运用形式化概念分析的理论对流式大数据挖掘进行形式化数据建模，分析和诠释流式大数据集上的规则抽取与知识发现。给出流式大数据的数据模型，阐述流式大数据集上概念的内涵和外延以及概念迁移的本质，对数据集上的规则提取进行解释。在流式大数据挖掘服务平台的数据组件中分析 EPMML 如何建模数据组件，并通过具体的实例演示 EPMML 对数据组件的描述和规则提取的过程。

（4）提出流式大数据挖掘服务平台的算法管理模型，并分析 EPMML 在流式大数据挖掘服务平台算法管理中的应用。在算法组件中，将流式大数据挖掘的算法作为 Web 服务，结合 EPMML 提出面向流式大数据挖掘服务平台的算法管理框架，分析如何应用 EPMML 描述算法服务，设计基于 EPMML 的算法服务描述和算法接口设计。通过一个具体的实例说明框架 AMF-DSMS 的有效性。

（5）设计流式大数据挖掘服务平台的整体框架，阐述框架的各个组件和模块的功能，分析框架对于流式大数据特征的适应性，给出系统框架的行为语义，设计流式大数据挖掘服务平台的建模层次结构，分析基于 EPMML 的流式大数据挖掘元数据在系统中的作用。

# 第 4 章　预测模型标记语言的扩展理论

万丈高楼平地起。

——佚名《珊瑚虫》

DMG[①]提出了数据挖掘的元数据标准——PMML。然而，PMML 的功能局限使得其不适合作为构建流式大数据挖掘服务平台的建模语言。本章的工作是在 PMML 标准下设计一种语义支持的流式大数据挖掘建模语言。

本章内容组织结构如下：4.1 节介绍预测模型标记语言，分析 PMML 的特点和缺陷；4.2 节阐述语义 Web 及其逻辑学基础——描述逻辑，并提出基于描述逻辑设计 EPMML 的理念和思路；4.3 节提出描述逻辑 DL4PMML，作为设计 EPMML 的逻辑基础；4.4 节详细分析 EPMML 的体系结构和语言要素；4.5 节分析 EPMML 的推理复杂性及其与其他本体语言的比较；4.6 节是本章小结。

## 4.1　预测模型标记语言

### 4.1.1　面向数据挖掘的 PMML

XML（extensible markup language）和 XMLS（XML schema）是比较成熟且应用广泛的数据交互格式。其中 XML 是一种定义标记语言的元语言规范，它提供了应用程序数据交换的统一框架和一组包括语法解析器在内的开发工具，XMLS 是定义 XML 文档结构的语言。XML 的前身是 SGML（standard generalized markup language），它将 SGML 的丰富功能与 HTML 的易用性结合到 Web 的应用中，以一种开放的、自描述方式定义了数据结构。在描述数据内容的同时突出对结构的描述，从而体现出数据之间的关系。这样所组织的数据对于应用程序和用户都是友好的、可操作的。XML 被誉为至今为止最聪明的符号化语言，已成为下一代网络——语义 Web 发展的基石。

XML 的显著优势是可以作为元语言来定义其他语言。由于 XML 具有元语言的

---

① DMG 是由 IBM、微软、Oracle、SAS、SPSS 等数据库、数据分析公司和专门从事数据挖掘的单位，如芝加哥伊利诺伊州立大学国家数据挖掘中心、Oracle 数据挖掘研究组等组成的数据挖掘联盟，目前成员数为 13 个，具体可参阅 http://www.dmg.org/index.html。

功能，所以可以作为描述电子商务数据、多媒体演示数据、数学公式等各种各样数据应用语言的基础语言。例如，W3C 开发了很多以 XML 为元语言的应用规范，如 MathML（数学表达式标记语言）和 SMIL（多媒体演示标记语言）；非 W3C 定义的语言包括 NewsML（新闻媒体标记语言）、BML（卫星数据传送标记语言）、FPML（金融标记语言）、ebXML（电子商务标记语言）和 CML（化学标记语言）。

　　PMML 是由 DMG 开发的用于描述数据挖掘模型的基于 XML 的标记语言[94, 107, 108]，其目标是定义一个标准的 XML 格式，用于保存挖掘模型的内容。PMML 最早由美国芝加哥伊利诺伊州立大学国家数据挖掘中心开发，1999 年 7 月 DMG 发布了 PMML 1.0，2007 年，DMG 推出了 PMML 3.2[107]，2014 年 5 月，DMG 发布了 PMML 4.2.1[129]。目前，DMG 的许多厂商正致力于将 PMML 作为统一的标准化的数据挖掘模型描述语言。PMML 在数据挖掘系统的元数据交换、集成和共享上有着显著优势。PMML 标准化了常见的数据挖掘算法的模型内容，例如，描述关联规则模型的 PMML 指定了一些标记来描述事务、项与项集，以及关联规则的支持度与置信度等。PMML 使得模型的部署、发布、维护、软件包间的模型信息共享交换变得容易。例如，用一个工具开发的模型可以通过 PMML 转换到另一个工具中用于评测。

　　PMML 为一组常用的数据挖掘算法定义了 XML 表示，包括回归、决策树、关联规则、神经网络、贝叶斯、序列模式、基于中心的聚类、基于密度的聚类，随着 PMML 版本的推进，将有更多算法被 PMML 支持和定义。除了算法部分外，PMML 文档还包括数据字典、转换字典、统计信息、特定参数等组成部分。数据字典中包含挖掘模型中使用的字段（词汇）定义，它指定字段的类型和值的范围。转换字典包含对使用转换方法（包括标准化、离散化、值映射和融合等）派生出的挖掘字段的描述。统计信息包括训练数据集的统计信息。特定参数包含一个挖掘模型需要的特定参数。

　　一个PMML文档总的框架如图4.1所示。

```
<?xml version="1.0"?>
<PMML version="4.2"
  xmlns="http://www.dmg.org/PMML-4_2"
xmlns:xsi="http://www.w3.org/2001/XMLSchema-instance">
    <Header copyright="Example.com"/>
    <DataDictionary> … </DataDictionary>
    … 一个模型 …
</PMML>
```

图 4.1　PMML 文档框架

PMML 在数据挖掘产品的部署与维护方面的优势如下：

（1）评测。通过使用 PMML，一个数据挖掘的应用程序可以使用训练数据产生 PMML 模型。然后，一个完全不同的应用程序运行在一个完全不同的系统上，可以对这个 PMML 模型进行评测（scoring）。

（2）模型管理。当数据挖掘应用程序被部署后，统计等模型通常会随着时间变化。也就是说，一个简单的应用可能需要一些甚至大量的统计模型。如此多的模型可以简单地通过基于 PMML 的模型仓库进行管理。

（3）高度可利用的应用程序。一些数据挖掘应用程序往往需要它们高度可利用并且能够随时间不断更新，这时可以采用 PMML 来定义数据挖掘应用的标准。例如，使用 PMML 描述一个模型的输入、输出、参数和元数据。

（4）适应性。数据挖掘的许多应用是受管制的产业。例如，金融服务、保险和医疗必须保证统计和数据挖掘的模型适应各种规则。将一个统计和数据挖掘模型装入 PMML，使用一个评测引擎检查模型的适应性，保持模型的数据库日志能够被用来评测，以提供一个简单的方法来应付这些需要。

然而，从某种意义上说，PMML 就是 XML。虽然规范的 XML 文档具有良好的机器可读性，但是 XML 并不涉及任何语义方面的问题，XML 和 XMLS 对语义的支持非常薄弱，不利于计算机对文档进行自动处理。下面将进一步讨论 PMML 存在的问题。

## 4.1.2　PMML 的缺陷

在不同的产品和环境中交换预测模型需要对 PMML 规范的共同理解。然而，连同增加的产品特殊扩展在内，PMML 包括大量的语言元素，对于描述大型数据挖掘系统，需要的语言元素超过 700 个，所以这样的理解并不尽如人意。其结果是，即使有一个详细的 PMML 规范，通过 PMML 定义的模型也存在不一致性。缺乏一致性降低了 PMML 的有用性，妨碍了其在数据挖掘团体和厂商中的使用[130, 131]。因此，目前迫切需要一致性标准来提高 PMML 模型协同工作的能力，提高 PMML 作为多产品间的模型交换中介的可靠性。Pechter 给出了一种结合 XML 结构定义（XML schemas definition, XSD）验证和扩展样式表转换语言（extensible stylesheet transformation language, XSLT）验证来确保 PMML 的一致性的方法[132]。该方法可以解决 PMML 描述的数据挖掘模型语法层面的错误。然而，PMML 本身缺乏形式化的语义，使得基于 PMML 的数据挖掘模型难以进行自动推理，并难以发现模型内在的冲突问题。而这种冲突伴随着 PMML 描述的数据挖掘模型不断更新和 PMML 自身版本的不断演化显得更加突出。

这里，首先给出基于 PMML 的数据挖掘元数据的语义问题的两个实例。

**例 4.1**　在 PMML 中，用语言元素 AssociationRule 声明一个关联规则，而不允许使用 AssociationRules 作为声明关联规则的语言元素。然而，人们期望 AssociationRule 和 AssociationRules 都可以声明关联规则，表示关联规则类的语义，这更加符合人们的使用习惯。

**例 4.2** 基于 PMML 的数据挖掘元数据文件的一致性可以分为语法一致性和语义一致性。经过 XSD 和 XSLT 验证通过的元数据并不能保证其没有语义冲突问题，如 PMML 中存在冗余、引用冲突等。图 4.2 给出了描述关联规则的 PMML 元数据中描述一条关联规则的 PMML 片断，它违背了关联规则前件和后件交集为空集的语义要求，如图中规则"Beer->Beer"不满足关联规则的定义。关联规则中要求规则的前件项集和后件项集的交集是空集，然而，在传统的 PMML 元数据中不能表示这样的语义。

```xml
<?xml version="1.0" ?>
 <PMML version="3.1" >
  <Header copyright="www.dmg.org"
      description="example model for association rules"/>
  ...
  <AssociationModel
     functionName="associationRules"
     numberOfTransactions="4" numberOfItems="3"
     minimumSupport="0.6"    minimumConfidence="0.5"
     numberOfItemsets="3"    numberOfRules="2">
  ...
<!-- Two rules satisfy the requirements -->
   <AssociationRule support="1.0" confidence="1.0"
     antecedent="Beer" consequent="Diaper" />
   <AssociationRule support="1.0" confidence="1.0"
     antecedent="Beer" consequent="Beer" />
  </AssociationModel>
 </PMML>
```

图 4.2 PMML 元数据中的语义不一致问题

为了设计扩展语义功能的预测模型标记语言，在 4.2 节中，首先研究语义 Web，探索语义 Web 本体语言的逻辑基础，引出本章提出的扩展预测模型标记语言的思路。

## 4.2　语义 Web 的逻辑学基础

### 4.2.1　语义 Web

Berners-Lee 在 2000 年提出了下一代 Web 的概念——语义 Web[27, 133-135]。语义 Web 的目标是让 Web 上的信息能够被机器理解，从而实现 Web 信息的自动处理。在语义 Web 环境中，信息的语义能够很好地加以定义，并使人机更好地协同工作。

Berners-Lee 设想的语义 Web 的体系结构是一种分层体系结构，如图 4.3 所示。底层由统一资源定位器（uniform resource identifier，URI）和 Unicode 构成，URI 是当前 Web 和语义 Web 的最基础部分，它提供了一种标准的方法来唯一标识资源。Unicode 是国际化的通用字符集。第二层是 XML 及命名空间，它们提供了语法互操作的基础。第三层是资源描述框架（resource description framework，RDF），它提供了一个通用的元数据描述和处理框架（RDF schema，RDFS）通过提供 RDF 数据表示模型的基础术语来使 Web 对象和资源组成有序的层次结构。第四层是本体层，W3C 在 RDF 和 RDFS 的基础上制定了 OWL，用于定义 Web 本体。第五层是逻辑框架层，是本体语言逻辑上自然的推进和扩展，使其具备表示应用动态变化知识的能力。第六层是证明层，涉及运用知识进行推理，包括推理过程的表示等。第七层是信任层，通过数字签名、数字证书、公共密钥、基于多 Agent 间相互推理等机制和方法来实现 Web 环境中的信任管理。数字签名（digital signature）在第二层基础上跨越各层，是实现语义 Web 信任的关键技术，虽然当前公共密钥技术已经存在了很长时间但还未全面应用，应用它加上语义

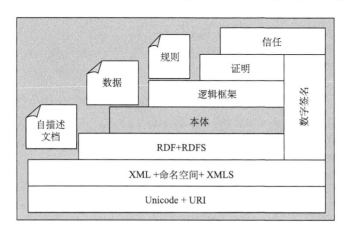

图 4.3　语义 Web 体系结构

Web 各层的支持，就可以实现上面的信任层。第五~七层是在下面四层的基础上进行逻辑操作。在整个 Web 体系结构中，核心层为 XML、RDF/RDFS 和本体层，其支持从语义上描述 Web 信息，是当前语义 Web 研究和应用关注的重点。以语义 Web 各层技术作为基础而建立的自描述文档（self description document）、数据（data）和规则（rule）将使得现在的 Web 实现语义化，从而提供更加智能化的服务。

本体是语义 Web 的一个核心概念，虽然本体一词最早出现于哲学领域，但是21 世纪语义 Web 的兴起带来了语义本体的研究热潮。Studer 等关于本体的定义是"共享概念模型的形式化规范说明"[136]。本体的内涵是概念模型，外延包括数据库的 ER 模型、数据字典、UML 模型、目录、分类表、领域词汇表等，它们都可以看成不同推理复杂程度和规范程度的语义本体。文献[137]和文献[138]给出了计算机领域中的本体家族，如图 4.4 所示。语义 Web 的核心思想就是通过提升描述信息的语义本体以及规范化程度来支持更加方便、迅速和智能化的信息集成、聚合和融合[26]。

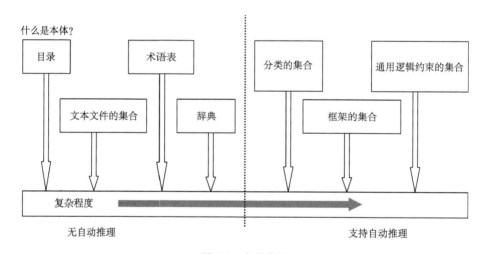

图 4.4　本体家族

语义 Web 的支撑技术建立在一系列技术标准和规范之上，其中 RDF 和 OWL 是最基本的技术标准。RDF 是一种元数据的数据模型，这种模型是包含主体、谓词、客体的三元组陈述 {sub, pred, obj}[139, 140]。一个简单的三元组的 RDF 如图 4.5 所示，它表示资源 http://www.nuaa.edu.cn/personB0504207 拥有学号 B0504207，这里省略指出该资源的类型是 person 以及该资源的其他属性和属性值。

在 RDF 模型中，所有被 RDF 处理和描述的事物都可称为资源（resource）。资源可以是一个网页（如 http://www.nuaa.edu.cn/index.html 文件）、网页的一

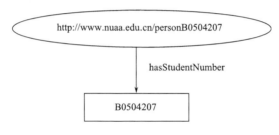

图 4.5　一个简单的 RDF

部分（如该 HTML 文件的某个 HTML 元素或 XML 元素）、一系列网页的集合（如整个 Web 站点）、也可以是不能从 Web 上访问到的对象，如一本书、一个动物等。属性（property）一般用于描述资源的特性、关系等，如图 4.5 中的 hasStudent-Number，都柏林核心元数据定义的 DC.Creator、DC.Publisher 和 DC.Rights 是属性[101]。属性值是一种特殊的资源，它只能用于三元组中的客体 obj。表 4.1 列出了 RDF 与其他知识表示系统的术语对比。

表 4.1　RDF 与其他知识表示系统的术语对比

| 面向对象系统 | 框架系统 | RDF | 描述逻辑 |
| --- | --- | --- | --- |
| instance | instance<br>individual<br>frame | resource | instance<br>individual |
| attribute<br>instance variable | slot | property | role |
| value | filler | property value | filler |
| class<br>type | frame<br>schema | class | class<br>concept |

　　RDF 的三元组以及 RDF 图形记法不适合作为元数据交换规范。W3C 推荐 XML 作为 RDF 的语法规范，并把这种规范称为 RDF/XML。在基于 XML 语法规范的 RDF 中，可以任意创造子集的词汇集，而使用 RDFS 描述词汇的含义和用法。事实上，RDF 和 RDFS 本身提供的词汇也是用 RDFS 来定义的。这里简要区分 XMLS 和 RDFS：XMLS 或者 DTD 定义了 XML 的语法，提供了一种定义合法的 XML 文档的机制；RDFS 并不定义 RDF 文档的语法，而是定义了类、属性和它们的相互关系，或者说它定义了 RDF 文档中所需要的词汇，提供了原始的建模原语。

　　RDF 在 XML 基础上提供了一定的语义描述能力，但它作为本体语言，其语义描述能力还很有限。DAML+OIL（DARPA agent markup language ＋ ontology inference layer）、OWL 是由 RDFS 扩展的网络本体语言，目前 OWL 已成为 W3C 推荐的网络本体语言。OWL 具有明确的逻辑基础——描述逻辑，它是用 XML 语法、RDF 模型定义的描述逻辑语言。

### 4.2.2　描述逻辑家族

描述逻辑是被设计用来以一种结构化的和易于理解的方式描述和推理关于应用领域的知识的基于逻辑学的知识表示机制的家族。描述逻辑是语义 Web 知识表示框架的逻辑学基础。Baader 等明确指出描述逻辑可以作为语义 Web 的本体语言，为语义 Web 提供必要的逻辑基础[141]。相对于一阶逻辑而言，描述逻辑是一阶逻辑的子集，这个子集的优势是描述逻辑是可判定的。

基本的 ALC 描述逻辑具有推理算法 Tableaux[142]，用于判定描述逻辑表示的知识是否是一致的。使用描述逻辑表示的知识可以推理、验证知识的一致性。描述逻辑 ALC 的元素由概念（一元谓词）、关系（二元谓词）、个体（常元），以及在它们上的交 $\cup$、并 $\cap$、补 $\neg$、存在约束 $\exists$、全称约束 $\forall$ 等算子构成。

**定义 4.1**　ALC 语法。用 $A$ 和 $P$ 分别表示原子概念和原子关系，用 $\top$ 表示论域全集的顶概念，$\bot$ 表示空集的底概念，符号 ::= 表示定义。ALC 上的概念 $C$ 和关系 $R$ 递归定义如下：

$$C ::= \top_1 \mid \bot_1 \mid A \mid \neg C \mid C_1 \cap C_2 \mid C_1 \cup C_2 \mid \exists R.C \mid \forall R.C$$

$$R ::= \top_2 \mid \bot_2 \mid P \mid \neg R \mid R_1 \cap R_2 \mid R_1 \cup R_2$$

**定义 4.2**　ALC 语义。ALC 的解释是一个二元对 $I = (\Delta^I, \bullet^I)$，$\Delta^I$ 是论域的非空集合，$\varnothing$ 表示空集，$\bullet^I$ 是解释函数。具体的语义如下：

（1）$(\top_1)^I = \Delta^I$

（2）$(\bot_1)^I = \varnothing$

（3）$(\neg C)^I = \Delta^I \backslash C^I$

（4）$(C_1 \cap C_2)^I = C_1^I \cap C_2^I$

（5）$(C_1 \cup C_2)^I = C_1^I \cup C_2^I$

（6）$(\exists R.C)^I = \{a \in \Delta^I \mid \exists b((a,b) \in R^I \wedge b \in C^I)\}$

（7）$(\forall R.C)^I = \{a \in \Delta^I \mid \forall b((a,b) \in R^I \rightarrow b \in C^I)\}$

（8）$(\top_2)^I = \Delta^I \times \Delta^I$

（9）$(\bot_2)^I = \varnothing \times \varnothing$

（10）$(\neg R)^I = (\Delta^I \times \Delta^I) \backslash R^I$

（11）$(R_1 \cap R_2)^I = R_1^I \cap R_2^I$

（12）$(R_1 \cup R_2)^I = R_1^I \cup R_2^I$

**定义 4.3**　ALC 的知识库 $K$ 是一个二元组：$K = \{Tbox, Abox\}$。

Tbox 是描述领域结构的公理的集合，含有引入概念名称的公理和声明包含关系的公理，分别记为 $A \equiv C$ 和 $A \subseteq C$。Abox 是描述具体情形的公理的集合，包含概念断言和关系断言。概念断言表示一个对象是否属于某个概念，用 $a{:}C$ 的形式描述，关系断言表示两个对象否满足一定的关系，用 $<a,b>{:}R$ 的形式表示。由定义 4.3 可得定理 4.1。

**定理 4.1**　令 iff 表示当且仅当，以下三个命题成立：

（1）一个解释 $I$ 满足 $a{:}C$ iff $a^I \in C^I$，$<a,b>{:}R$ iff $<a^I,b^I>\in R^I$。

（2）一个解释 $I$ 满足 Abox $\mathcal{A}$ iff 它满足 $\mathcal{A}$ 中的每个公理，记为 $I \models \mathcal{A}$。

（3）一个解释 $I$ 满足 ALC 知识库 $K = \{$Tbox $\mathcal{T}$, Abox $\mathcal{A}\}$，iff 它同时满足 $\mathcal{T}$ 和 $\mathcal{A}$，记为 $I \models K$。

基于描述逻辑的知识表示和推理系统结构如图 4.6 所示，整个知识库包括 Tbox 和 Abox 两部分。

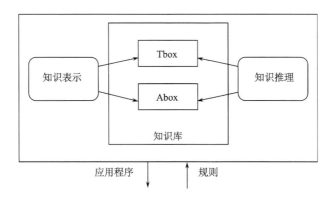

图 4.6　基于描述逻辑的知识表示和推理系统

描述逻辑是语义表达能力和计算推理复杂性折中的产物。发展描述逻辑的目的是继承形式逻辑系统所拥有的规范形式、精确语义定义和相应的推理机制等优点，又保留类似语义网络和框架知识表示方法易理解性的优点。

描述逻辑是基于概念的知识表示形式，它利用各种构造算子从简单概念中构建复杂概念，保证推理问题的完备性和可判定性。基于描述逻辑的语言表达能力取决于它支持的类和属性构造算子以及各种公理。但是，表达能力提高不可避免地会造成推理复杂性的提高。为此，描述逻辑制定了相当详尽和复杂的处理规范，用于处理构造算子和公理，以及它们的各种联合，形成了很多具有不同表达能力和推理复杂性的语言，例如，语义 Web 本体语言（OIL）、DAML+OIL 和 OWL 都建立在描述逻辑基础上，Horrocks 证明了 OIL 与描述逻辑 SHIQ 等价[143]、DAML+OIL 与描述逻辑 SHOIQ(D)等价[77]。为了适应不同应用对表达能力和推理复杂度的不同要求，OWL 提供了 OWL Lite 和 OWL DL 两种子语言。描述逻辑 SHIF(D) 是 OWL Lite 的逻辑基础、描述逻辑 SHOIN(D) 是 OWL DL 的逻辑基础[144]。在 OWL Lite 中，去掉了枚举实例来定义类的能力，并限制基数约束只能取 0 或 1。

### 4.2.3 基于描述逻辑设计 EPMML 的理念

前面给出了语义 Web 和描述逻辑之间的关系。借鉴 RDF(S) 和其他语义 Web 本体语言、OIL、DAML+OIL 等的设计思路，提出基于描述逻辑设计流式大数据挖掘建模语言的理念。这个思路如下：以 PMML 为基础，在 PMML 上层扩充 RDF 和 RDFS 以提供数据挖掘领域的资源描述框架，再在 RDF(S) 的上层将 PMML 扩充为真正具有语义描述能力的数据挖掘领域的语义本体语言。这种数据挖掘领域的语义本体语言需要明确以一种描述逻辑作为其逻辑基础。4.3 节首先提出一种合适的描述逻辑 DL4PMML 作为数据挖掘领域语义本体语言的逻辑基础。

## 4.3 描述逻辑 DL4PMML

描述逻辑具有正式的基于逻辑的语义和很强的表达能力。基本的描述逻辑 ALC 的元素是由概念、关系、个体，以及在它们上的交∩、并∪、补¬、存在约束∃、全称约束∀等算子构成的。增加 ALC 的构造算子，或者采用不同的构造算子组合得到的描述逻辑拥有不同的表达能力和推理复杂性。然而，知识表示语言的表达能力越强，相应推理问题的复杂性越高。例如，OWL DL 的语义表达能力很强，然而，其语义逻辑基础 SHOIN(D) 的推理是 NP 完全问题，这使得其不适合作为数据挖掘元数据的语义描述语言[145, 146]。针对 PMML 本身的特点，本节提出一种描述逻辑家族的形式逻辑 DL4PMML 作为 EPMML 的逻辑推理基础。

**定义 4.4** DL4PMML 语法。用 $A$ 和 $P$ 分别表示原子概念和原子关系，符号 ::= 表示定义。DL4PMML 上的概念 $C$ 和关系 $R$ 递归定义如下：

$$C ::= \top_1 \mid \bot_1 \mid A \mid \neg C \mid C_1 \cap C_2 \mid C_1 \cup C_2 \mid \exists R.C \mid \forall R.C \mid (\geqslant nR) \mid (\leqslant n\,R) \mid \{a_1, \cdots, a_n\}$$

$$\mid (\geqslant nR.C) \mid (\leqslant nR.C)$$

$$R ::= \top_2 \mid \bot_2 \mid P \mid \neg R \mid R_1 \cap R_2 \mid R_1 \cup R_2 \mid R^{-}$$

**定义 4.5** DL4PMML 语义。DL4PMML 的解释是一个二元对 $I = (\Delta^I, \bullet^I)$，$\Delta^I$ 是论域的非空集合，$\bullet^I$ 是解释函数。令 card 表示一个集合的基数，具体的语义如下：

（1）$(\top_1)^I = \Delta^I$

（2）$(\bot_1)^I = \varnothing$

（3）$(\neg C)^I = \Delta^I \backslash C^I$

（4）$(C_1 \cap C_2)^I = C_1^I \cap C_2^I$

（5）$(C_1 \cup C_2)^I = C_1^I \cup C_2^I$

（6）$(\exists R.C)^I = \{ a \in \Delta^I \mid \exists b((a,b) \in R^I \wedge b \in C^I) \}$

（7）$(\forall R.C)^I = \{ a \in \Delta^I \mid \forall b((a,b) \in R^I \rightarrow b \in C^I) \}$

（8）$(\geqslant n\, R)^I = \{ a \in \Delta^I \mid \mathrm{card}\{b \in \Delta^I \mid (a,b) \in R^I \geqslant n\}$

（9）$(\leqslant n\, R)^I = \{ a \in \Delta^I \mid \mathrm{card}\{b \in \Delta^I \mid (a,b) \in R^I \leqslant n\}$

（10）$\{a_1,\cdots,a_n\}^I = \{ a_1^I,\cdots,a_n^I \}$

（11）$(\top_2)^I = \Delta^I \times \Delta^I$

（12）$(\bot_2)^I = \varnothing \times \varnothing$

（13）$(\neg R)^I = (\Delta^I \times \Delta^I) \backslash R^I$

（14）$(R_1 \cap R_2)^I = R_1^I \cap R_2^I$

（15）$(R_1 \cup R_2)^I = R_1^I \cup R_2^I$

（16）$(R^-)^I = \{ (b,a) \in \Delta^I \times \Delta^I \mid (a,b) \in R \}$

**定义 4.6**　DL4PMML 的知识库 $K$ 是一个三元组：$K = \{\text{Tbox, Rbox, Abox}\}$。

其中，Tbox 是描述领域结构的公理的集合，含有引入概念名称的公理和声明包含关系的公理，分别记为 $A \equiv C$ 和 $A \subseteq C$。Rbox 是描述关系间等价和包含的语法结构的公理集合，分别用 $R \equiv S$ 和 $R \subseteq S$ 的形式来描述关系定义和关系包含的集合。Abox 是描述具体情形的公理的集合，包含概念断言和关系断言。概念断言表示一个对象是否属于某个概念，用 $a{:}C$ 的形式描述，关系断言表示两个对象是否满足一定的关系，用 $<a,b>{:}R$ 的形式表示。由定义 4.6 可得定理 4.2。

**定理 4.2**　令 iff 表示当且仅当，以下三个命题成立：

（1）一个解释 $I$ 满足 $a{:}C$ iff $a^I \in C^I$，$<a,b>{:}R$ iff $<a^I,b^I> \in R^I$。

（2）一个解释 $I$ 满足 Abox $\mathcal{A}$ iff 它满足 $\mathcal{A}$ 中的每个公理，记为 $I \models \mathcal{A}$。

（3）一个解释 $I$ 满足 DL4PMML 知识库 $K = \{ \text{Tbox } \mathcal{T}, \text{Rbox } \mathcal{R}, \text{Abox } \mathcal{A} \}$，iff 它同时满足 $\mathcal{T}$、$\mathcal{R}$ 和 $\mathcal{A}$，记为 $I \models K$。

# 4.4　扩展预测模型标记语言

EPMML 的设计理念如图 4.7 所示，该体系结构是一个层次化的结构。DL4PMML 是 EPMML 逻辑基础，并提供严格的可判定性的形式化机制，支持自动推理。Unicode 和 URI 是国际统一化字符集和资源标识手段。EPMML、命名空间和 EPMMLS 定义了 EPMML 的语法层面的互操作标准，RDF(S) 描述和定义了 EPMML 的资源。由于 EPMML 可以为数据挖掘应用提供标准化的具有语义的描述，该描述可称为基于 EPMML 的数据挖掘元数据。EPMML 的元素是描述数据挖掘模型的元类、属性、元类的实例，以及这些实例之间的关系。下面按照这些描述对象详细分析 EPMML 的语言元素。

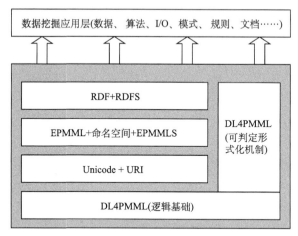

图 4.7　EPMML 的体系结构

## 4.4.1　EPMML 元类

EPMML 元类由元类名称和一个限制列表构成，例如：

```
<epmml:Class rdf:ID="AssociationRules"/>
<epmml:Class rdf:ID="Itemset"/>
<epmml:Class rdf:ID="Item">
    <rdfs:subClassOf rdf:resource="#Itemset"/>
</epmml:Class>
```

EPMML 元类的逻辑基础是 DL4PMML 中的概念，包括原子概念和简单复合概念。4.4.2 节介绍的 EPMML 复杂元类的逻辑基础是 DL4PMML 中的复杂复合概念。

## 4.4.2　EPMML 复杂元类

在 EPMML 中，复合概念通过设计元类的交、并、补等来构造，它们的 DL4PMML 基础是概念的交、并、补。用 epmml:intersectionOf、epmml:unionOf 和 epmml:complementOf 来声明。例如：

```
<epmml:Class rdf:ID="Abnormal">
 <epmml:complementOf rdf:resource="#Normal"/>
```

```
</epmml:Class>
```

在数据挖掘模型中，有些概念可以通过枚举实例来描述，这种描述枚举概念的枚举元类是一种特殊的构造算子，用 epmml:oneOf 来声明。例如：

```
<epmml:Class rdf:ID="Weather">
  <epmml:oneOf rdf:parseType="Collection">
   <epmml:Thing rdf:about="#Fine"/>
   <epmml:Thing rdf:about="#Cloudy"/>
   …
  </epmml:oneOf>
</epmml:Class>
```

### 4.4.3　EPMML 属性

一个 EPMML 属性是一个二元关系，在 EPMML 中，属性分为对象属性和数据属性。对象属性描述了元类的实例之间的关系，用 epmml:ObjectProperty 宣称对象属性，用 rdfs:domain 和 rdfs:range 指出该对象属性的定义域和作用域。例如：

```
<epmml:ObjectProperty rdf:ID="HasAntecedent">
  <rdfs:domain rdf:resource="#AssociationRules"/>
  <rdfs:range ref:resource="#Antecedent"/>
</epmml:ObjectProperty>
```

区别于对象类型属性，数据类型属性的值域是数据类型。在 EPMML 中，使用 PMML 3.2.0 版本的 XSD 文件中定义的数据类型[94]，如 xs:string，xs:integer。用 epmml:DatatypeProperty 宣称数据属性，用 rdfs:domain 和 rdfs:range 指出该数据属性的定义域和值域。例如：

```
<epmml:DatatypeProperty rdf:ID="HasSupport">
  <rdfs:domain rdf:resource="#AssociationRules"/>
  <rdfs:range rdf:resource="http://www.dmg.org/v3-2/pmml-3-2.xsd
    #PROB-NUMBER"/>
</epmml:DatatypeProperty>
```

这里 PROB-NUMBER 是 pmml-3-2.xsd 中定义的 0~1 的小数类型。

EPMML 属性的逻辑基础是 DL4PMML 中的关系。为了提高 EPMML 的语义表达能力，DL4PMML 包含了关系传递和关系逆的构造算子，这两个算子是

EPMML 的属性约束的逻辑基础。

### 4.4.4　EPMML 个体

　　EPMML 除了描述数据挖掘模型的元类和属性之外，需要描述数据挖掘模型中具体的个体以及个体之间的关系。用 epmml:Thing 来宣称一个个体，用 rdf:type 来指明该个体所属的元类。例如，在描述一个关联规则的模型中，指定 Cracker 是一个项 Item 元类的实例：

```
<epmml:Thing rdf:ID="Cracker">
  <rdf:type rdf:resource="#Item">
</epmml:Thing>
```

　　与 PMML 不同，EPMML 中的个体不是语言元素，这大量地约简了 PMML 的语言元素复杂性。为了减小推理的复杂性，在 EPMML 中，**不允许**出现同时是元类和个体的资源。

### 4.4.5　EPMML 属性约束

　　属性是特殊的二元关系，根据二元关系的理论，属性可以具有自反性、对称性、传递性以及函数性等特性，并且属性可以有逆属性。然而在描述逻辑中，增加属性的特性必然会增加逻辑推理的复杂性，甚至导致推理不可判定。根据描述数据挖掘模型的 PMML 特点，在 EPMML 中，不增加属性的自反性和函数性，但允许属性具有传递性，并允许与其他属性互逆。例如，传递属性 Is_Part_Of。在 EPMML 中，用 epmml:TransitiveProperty 来声明属性具有传递性。例如：

```
<epmml:ObjectProperty rdf:ID="Is_Part_Of">
  <rdf:type rdf:resource="&epmml:TransitiveProperty"/>
</epmml:ObjectProperty>
```

　　用 epmml:InverseOf 声明属性的逆属性。例如：

```
<epmml:ObjectProperty rdf:ID="BeAntecedentOf">
  <epmml:InverseOf rdf:resource="HasAntecedent"/>
</epmml:ObjectProperty>
```

　　在 PMML 中，对数据挖掘模型的描述中，一些属性不仅指明了定义域和作用域，而且有明确的数量限制。例如，为了描述关联规则的支持度和置信度都是 0~1 的小数，在关联规则的 PMML 模型中，需要添加若干语言元素，而在 EPMML 中不需要添加语言元素，并且可以对其赋予语义，告诉机器支持度和置信度的数量是 0~1 的小数。在 EPMML 中，用 epmml:someValueFrom、epmml:allValueFrom 来声明属性值域约束，用 epmml:minCardinality、 epmml:maxCardinality 来声明属性的基数约束。它们的 DL4PMML 逻辑基础分别是 $\exists R.C$、$\forall R.C$、$(\geqslant n\,R)$ 和 $(\leqslant n\,R)$ 概念描述。例如：

```
<epmml:Restriction>
    <epmml:onProperty rdf:resource="#hasWeather"/>
    <epmml:allValueFrom rdf:resource="#Weather"/>
</epmml:Restrition>
<epmml:Restriction>
    <epmml:onProperty rdf: resource ="#hasSupport"/>
    <epmml:minCardinality rdf:datatype=" http://www.dmg.org/v3-2/p
      mml-3-2.xsd#PROB-NUMBER ">0.0</epmml:minCardinality>
    <epmml:maxCardinality rdf:datatype=" http://www.dmg.org/v3-2/p
      mml-3-2.xsd#PROB-NUMBER ">1.0</epmml:maxCardinality>
</epmml:Restriction>
```

## 4.4.6 EPMML 辅助语言元素

在 EPMML 中，兼容了 XML 的注释等语言元素。为了增加语义的可理解性，减小推理的复杂性，版权、版本、命名空间等 EPMML 的辅助语言元素用 EPMML 数据属性来描述。例如：

```
<epmml:DatatypeProperty rdf:ID="HasCopyRight">
    <rdfs:domain rdf:resource="#EPMML"/>
    <rdfs:range rdf:resource="http://www.nuaa.edu.cn"/>
</epmml:DatatypeProperty>
<epmml:DatatypeProperty rdf:ID="HasVersion">
    <rdfs:domain rdf:resource="#EPMML"/>
    <rdfs:range rdf:resource="1.0.0"/>
</epmml:DatatypeProperty>
```

在设计 EPMML 时，显然一个资源只允许以一种语言元素的形式出现。例如，设定一个资源是个体，则不允许其是元类；反之也是如此。同时，同一个命名空间下的资源不允许重名，不在一个命名空间下的资源可以重名，但必须加以引用。基于 DL4PMML 的 EPMML 具有严格的形式化语义，这为 EPMML 支持自动推理提供了完备的形式逻辑基础。

# 4.5　EPMML 与 OWL 的比较

**定理 4.3**　DL4PMML 是可判定的，并且是 EXPTIME 完全问题。

**证明**：在 ALC 上增加具体域、关系传递、关系逆、绝对数量约束算子的描述逻辑推理是可判定的，且是 EXPTIME 完全问题[146, 147]。DL4PMML 可以映射为 SHOIQ 的一个子集，并且 DL4PMML 在基本的 ALC 描述逻辑基础上仅增加了具体域、关系传递、关系逆和绝对数量约束。而 SHOIQ 的 Tableaux 可判定推理算法是 EXPTIME 完全问题[142, 145]，所以 DL4PMML 是可判定的，且是 EXPTIME 完全问题。

表 4.2 给出了 EPMML 与其他标记语言的比较。作为流式大数据挖掘服务平台的建模语言，并不需要 OWL 这样表达能力过强而推理复杂性大的语言。

**表 4.2　EPMML 与其他语言的比较**

| | XML | PMML | RDF | EPMML | OWL Lite | OWL DL |
|---|---|---|---|---|---|---|
| 语义表达能力 | 无 | 无 | 弱 | 中等 | 强 | 最强 |
| 逻辑基础 | 无 | 无 | 三元组（谓词逻辑） | 描述逻辑 DL4PMML | 描述逻辑 SHIF(D) | 描述逻辑 SHOIN(D) |
| 语法基础 | XML(S) | XML(S) | XML(S) | XML(S)+RDF(S) | XML(S)+RDF(S) | XML(S)+RDF(S) |
| 推理可判定性 | 无 | 无 | 不可判定 | 可判定 | 可判定 | 可判定 |
| 推理复杂性 | 无 | 无 | 无 | EXPTIME 完全问题 | NP 完全问题 | NP 完全问题 |

表中 EXPTIME 完全问题表示确定型图灵机上指数时间完全问题，NP 完全问题表示非确定型图灵机上指数时间完全问题。这两类问题的复杂性层次关系是 EXPTIME 完全问题⊆NP 完全问题。

数据挖掘是从大量数据中发现潜在的能为决策者服务的规则和知识的过程。描述数据挖掘应用层的数据、算法、规则、模式的 EPMML 元数据因此庞大且多变。这些特征**不允许**使用表达能力强而推理能力复杂的描述逻辑，如 SHOIQ 和 SHOIQ(D)作为语义表达基础。EPMML 可以映射为 OWL 的一个子集，而与 OWL 相比其推理复杂性大大降低。

# 4.6　本 章 小 结

EPMML 是在 PMML 的基础上增加了语义描述，兼容了 PMML 的结构化特点和数据挖掘模型描述能力；同时，约简了 PMML 元素的复杂性并扩展了 PMML 众多语言元素之间的语义。DL4PMML 是 EPMML 能够支持自动推理的逻辑基础。在开发 EPMML 时注意两个要点：第一，明确向 PMML 增加语义描述是为了使 PMML 描述的数据挖掘元数据能够支持自动推理，以自动发现这种数据挖掘模型内在的冲突问题；第二，针对 PMML 的特点，需要确保向 PMML 增加的语义表达能力与描述逻辑 DL4PMML 的推理能力之间的权衡。

目前国内外还没有针对基于 PMML 的数据挖掘元数据应用描述逻辑进行语义扩展和知识推理的研究。EPMML 既可用于描述数据挖掘的内容，又可作为系统之间的元数据交换格式。EPMML 为进一步开发具有语义描述功能的流式大数据挖掘服务平台提供了思路。

# 第二篇　建　模　篇

# 第 5 章　基于 EPMML 的流式大数据挖掘服务平台元数据分析与验证

图灵测试：如果一台计算机通过对话，能使人们认定它是人类，那么这台计算机便被认为是具有智能的。

——计算机之父阿兰·图灵

第一篇介绍了大数据的理论、云计算的理论、元理论，设计了扩展语义的 EPMML 作为流式大数据挖掘服务平台的建模语言。

设计 EPMML 的目的之一是为流式大数据挖掘服务平台提供语义功能的描述，把这种用 EPMML 描述的流式大数据挖掘服务平台对象的数据称为基于 EPMML 的流式大数据挖掘服务平台元数据。

第二篇将以构建流式大数据挖掘服务平台为目标，提出若干关于该平台构建的理论。本章详细讨论基于 EPMML 的流式大数据挖掘服务平台元数据。

本章的内容组织如下：5.1 节提出流式大数据挖掘服务平台的元数据体系结构，分析各个层次之间的关系；5.2 节和 5.3 节分别从知识表示和知识推理的角度分析如何使用 EPMML 进行知识表示，设计基于 EPMML 的流式大数据挖掘元数据一致性检测框架；5.4 节给出实例来演示基于 EPMML 的知识推理和语义一致性检测，通过实例说明 EPMML 支持知识推理的正确性和有效性；5.5 节是本章小结。

## 5.1　流式大数据挖掘服务平台元数据

UML 是用于建模的通用语言，可以用于对任何自然系统或者人工系统进行建模。使用 UML 对元数据建模时，需要将其置于 MOF 环境中。MOF 是一个用来定义、构造、管理、交换和集成软件系统中元数据的模型驱动的分布式对象框架。该框架的作用是支持任何类型的元数据，并允许在需要时添加新类别的元数据。MOF 采用四层元数据体系结构，也称为 OMG 元数据体系结构，如表 5.1 所示。

**表 5.1　OMG 元数据体系结构**

| OMG 元模型层次 | 例子 | MOF 术语 |
|---|---|---|
| M3 | MOF 模型 | 元-元模型 |
| M2 | UML 元模型、CWM 元模型 | 元模型、元-元数据 |
| M1 | UML 模型、数据仓库/数据流挖掘元数据 | 模型、元数据 |
| M0 | 数据仓库系统/数据流挖掘系统、数据仓库数据/商务智能数据 | 对象、数据 |

表中除了 M3 层，每一层都是上一层的实例；除了 M0 层，每一层都是下一层的元类。M0 层是实例层，如数据仓库数据和商务智能数据等实际数据，或者数据仓库系统、流式大数据挖掘服务平台等实际系统对象。对 M0 层形式化建模的模型或者描述数据的元数据位于 M1 层，M1 层可以称为模型层。例如，建模系统的 UML 模型、描述数据仓库数据和系统的元数据等位于 M1 层。M2 层是为了描述 M1 层模型的元模型层，该层的数据是对 M1 层元数据的描述，称为元-元数据。例如，描述 UML 模型的 CWM 或者对 EPMML 的设计都位于 M2 层。对 M2 层的描述需要由 M3 层来完成，称为元-元模型层，OMG 使用 MOF 来定义建立 M2 层元模型的建模元素和使用规则。

注意，MOF 模型以 UML 的概念和结构为基础，因此，MOF 模型没有定义自己的图形符号和约束语言，而采用 UML 的图形符号和对象约束语言来实现其目的。图 5.1 给出了流式大数据挖掘服务平台的元数据体系结构，图中向上箭头表示层次之间的实例关系，右向箭头表示体系结构每一层所映射的 MOF 术语。从图中可以看出，基于 EPMML 的流式大数据挖掘服务平台元数据位于 M1 层。

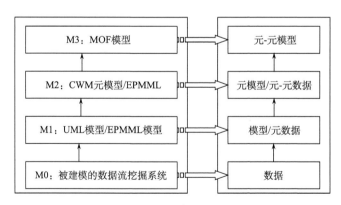

图 5.1　流式大数据挖掘服务平台的元数据体系结构

从元数据体系结构的角度来讲，本书的工作是在流式大数据挖掘服务平台元模型层 M2 层上设计一种扩展语义的 EPMML，然后在模型层 M1 层上研究如何应用 EPMML 建模流式大数据挖掘服务平台。本书将在第 6 章详细设计流式大数据挖掘服务平台的建模层次结构。

## 5.2　基于 EPMML 的知识表示

根据元建模的定义，设计 EPMML 并用 EPMML 来描述流式大数据挖掘服务平台的对象和内容是一种流式大数据挖掘服务平台的元建模活动。前面给出了流式大数据挖掘元数据的定义，本节进一步给出如下定义。

**定义 5.1**　基于 EPMML 的流式大数据挖掘服务平台元数据是指用 EPMML 描述的流式大数据挖掘服务平台的对象或内容（包括数据、系统、模式和规则等）的数据。

知识表示是 EPMML 的基本功能。对基于 EPMML 的知识表示的理解有两方面，分析如下：

（1）数据挖掘和流式大数据挖掘的最终目标是从数据集中发现知识，并用于预测。数据和知识是对事物认识的两个阶段。

下面进行简单区分，数据（data）是指原始记录、资料和信息，例如，某企业上半年的所有销售信息、一所学校所有学生的基本信息等，人们上网所看到的 Web 资讯也可以作为数据。数据的存放格式通常选择数据库，也可以使用其他格式，如文本文件。静态数据和流式大数据是数据的表现形式。

知识（knowledge）是在数据的基础之上，能被人们认识、掌握和运用的有价值的信息。流式大数据挖掘服务平台从大量的流式大数据中挖掘得到的模式和规则代表了知识。

**例 5.1**　通过关联规则挖掘算法从购物篮数据集中获取的商品购买关系的关联规则"啤酒->尿布"（支持度为 0.2，置信度为 0.9）代表了知识。用 EPMML 可以将这条关联规则表示如下：

```
<AssociationRules rdf:ID="AssociationRules_1">
<HasAntecedent>
    <Item rdf:ID="啤酒">
        <BeAntecedentOf rdf:resource="#AssociationRules_1"/>
    </Item>
</HasAntecedent>
<HasConfidence rdf:datatype=" http://www.dmg.org/ v3-2/
 pmml-3-2.xsd#PROB-NUMBER ">0.9
</HasConfidence>
```

```
<HasSupport rdf:datatype=" http://www.dmg.org/ v3-2/pmml-3-2.xsd
  #PROB-NUMBER ">0.2
</HasSupport>
<HasSubsequent>
  <Item rdf:ID="尿布">
    <BeSubsequentOf rdf:resource="#AssociationRules_1"/>
  </Item>
</HasSubsequent>
</AssociationRules>
```

在这个例子中，"啤酒"、"尿布"分别是概念 Antecedent 和 Subsequent 的实例，概念 Antecedent 和 Subsequent 是 Itemset 的子概念。用 EPMML 描述的关联规则模型的详细实例如下：

```
<?xml version="1.0"?>
<rdf:RDF
   xmlns="http://www.nuaa.edu.cn/ex/AssociationRuleModel.epmml#"
   xmlns:rdf="http://www.w3.org/1999/02/22-rdf-syntax-ns#"
   xmlns:xsd="http://www.w3.org/2001/XMLSchema#"
   xmlns:rdfs="http://www.w3.org/2000/01/rdf-schema#"
   xmlns:epmml="http://www.nuaa.edu.cn/ex/epmml1.0.0/epmml#">
  <epmml:DatatypeProperty rdf:ID="HasCopyRight">
    <rdfs:domain rdf:resource="#EPMML"/>
    <rdfs:range rdf:resource="http://www.nuaa.edu.cn"/>
  </epmml:DatatypeProperty>
  <epmml:DatatypeProperty rdf:ID="HasVersion">
    <rdfs:domain rdf:resource="#EPMML"/>
    <rdfs:range rdf:resource="1.0.0"/>
  </epmml:DatatypeProperty>
  <epmml:Ontology rdf:about=""/>
  <epmml:Class rdf:ID="Itemset">
    <rdfs:subClassOf>
      <epmml:Class rdf:ID="EPMML"/>
    </rdfs:subClassOf>
  </epmml:Class>
  <epmml:Class rdf:ID="Antecedent">
    <rdfs:subClassOf rdf:resource="#Itemset"/>
  </epmml:Class>
  <epmml:Class rdf:ID="Subsequent">
    <rdfs:subClassOf rdf:resource="#Itemset"/>
```

```
</epmml:Class>
<epmml:Class rdf:about="#EPMML">
  <rdfs:comment rdf:datatype="http://www.w3.org/2001/ XMLSchema
    #string"
  >Root Meta Class</rdfs:comment>
</epmml:Class>
<epmml:Class rdf:ID="AssociationRules">
  <rdfs:subClassOf rdf:resource="#EPMML"/>
  <epmml:equivalentClass>
    <epmml:Class rdf:ID="AssociationRule"/>
  </epmml:equivalentClass>
</epmml:Class>
<epmml:Class rdf:ID="Item">
  <rdfs:subClassOf rdf:resource="#Itemset"/>
</epmml:Class>
<epmml:Class rdf:about="#AssociationRule">
  <epmml:equivalentClass rdf:resource="#AssociationRules"/>
</epmml:Class>
<epmml:ObjectProperty rdf:ID="HasSubsequent">
  <rdfs:range rdf:resource="#Subsequent"/>
  <rdfs:domain rdf:resource="#AssociationRules"/>
  <epmml:inverseOf>
    <epmml:ObjectProperty rdf:ID="BeSubsequentOf"/>
  </epmml:inverseOf>
</epmml:ObjectProperty>
<epmml:ObjectProperty rdf:ID="HasAntecedent">
  <rdfs:domain rdf:resource="#AssociationRules"/>
  <epmml:inverseOf>
    <epmml:ObjectProperty rdf:ID="BeAntecedentOf"/>
  </epmml:inverseOf>
  <rdfs:range rdf:resource="#Antecedent"/>
</epmml:ObjectProperty>
<epmml:ObjectProperty rdf:about="#BeSubsequentOf">
  <rdfs:range rdf:resource="#AssociationRules"/>
  <rdfs:domain rdf:resource="#Subsequent"/>
  <epmml:inverseOf rdf:resource="#HasSubsequent"/>
</epmml:ObjectProperty>
<epmml:ObjectProperty rdf:about="#BeAntecedentOf">
  <rdfs:domain rdf:resource="#Antecedent"/>
  <rdfs:range rdf:resource="#AssociationRules"/>
  <epmml:inverseOf rdf:resource="#HasAntecedent"/>
```

```
</epmml:ObjectProperty>
<epmml:DatatypeProperty rdf:ID="HasVersion">
  <rdfs:domain rdf:resource="#EPMML"/>
  <rdfs:range rdf:resource="http://www.w3.org/2001/XMLSchema
    #string"/>
</epmml:DatatypeProperty>
<epmml:DatatypeProperty rdf:ID="HasSupport">
  <rdfs:domain rdf:resource="#AssociationRules"/>
  <rdfs:range rdf:resource="http://www.w3.org/2001/
  XMLSchema#PROB-NUMBER"/>
</epmml:DatatypeProperty>
<epmml:DatatypeProperty rdf:ID="HasConfidence">
  <rdfs:domain rdf:resource="#AssociationRules"/>
  <rdfs:range rdf:resource="http://www.w3.org/2001/
  XMLSchema#PROB-NUMBER"/>
</epmml:DatatypeProperty>
<epmml:DatatypeProperty rdf:ID="HasCopyright">
  <rdfs:domain rdf:resource="#EPMML"/>
  <rdfs:range rdf:resource="http://www.w3.org/2001/XMLSchema
    #string"/>
</epmml:DatatypeProperty>
<rdf:Description rdf:about="http://www.w3.org/2002/07/epmml#Thing">
<rdfs:comment rdf:datatype="http://www.w3.org/2001/XMLSchema#string"
  >epmml</rdfs:comment>
</rdf:Description>
<Item rdf:ID="Water">
  <BeSubsequentOf>
    <AssociationRules rdf:ID="AssociationRules_3">
      <HasConfidence rdf:datatype="http://www.w3.org/2001/XMLSchema
       #PROB-NUMBER"
      >0.7</HasConfidence>
      <HasSupport rdf:datatype="http://www.w3.org/2001/XMLSchema
       #PROB-NUMBER"
      >0.2</HasSupport>
      <HasAntecedent>
        <Item rdf:ID="Bread">
          <BeAntecedentOf rdf:resource="#AssociationRules_3"/>
          <BeAntecedentOf>
            <AssociationRules rdf:ID="AssociationRules_2">
              <HasConfidence rdf:datatype="http://www.w3.org/2001/
               XMLSchema#PROB-NUMBER"
```

```xml
                    >0.9</HasConfidence>
                    <HasSupport
                     rdf:datatype="http://www.w3.org/2001/XMLSchema
                     #PROB-NUMBER"
                    >0.2</HasSupport>
                    <HasAntecedent rdf:resource="#Bread"/>
                    <HasSubsequent rdf:resource="#Water"/>
                  </AssociationRules>
                </BeAntecedentOf>
              </Item>
          </HasAntecedent>
          <HasAntecedent>
            <Item rdf:ID="Cracker">
              <BeAntecedentOf rdf:resource="#AssociationRules_3"/>
            </Item>
          </HasAntecedent>
          <HasSubsequent rdf:resource="#Water"/>
        </AssociationRules>
      </BeSubsequentOf>
      <BeSubsequentOf rdf:resource="#AssociationRules_2"/>
  </Item>
  <AssociationRules rdf:ID="AssociationRules_1">
    <HasAntecedent>
      <Item rdf:ID="Beer">
        <BeAntecedentOf rdf:resource="#AssociationRules_1"/>
      </Item>
    </HasAntecedent>
    <HasSupport rdf:datatype="http://www.w3.org/2001/XMLSchema
     #PROB-NUMBER"
    >0.2</HasSupport>
    <HasConfidence rdf:datatype="http://www.w3.org/2001/XMLSchema
     #PROB-NUMBER"
    >0.8</HasConfidence>
    <HasSubsequent>
      <Item rdf:ID="Diaper">
        <BeSubsequentOf rdf:resource="#AssociationRules_1"/>
      </Item>
    </HasSubsequent>
  </AssociationRules>
</rdf:RDF>
```

（2）前面对基于 EPMML 的知识表示的理解基于 EPMML 标记流式大数据挖掘服务平台所挖掘的模式、规则等知识。理解基于 EPMML 的知识表示的另一个角度是 EPMML 本身。EPMML 不仅是一门标记语言，而且是以描述逻辑 DL4PMML 作为逻辑基础，为数据挖掘设计的语义本体语言。

正因为描述逻辑为 EPMML 提供了严格的逻辑基础和形式化机制，所以基于 EPMML 的流式大数据挖掘服务平台元数据本身是一种知识。

基于 EPMML 的流式大数据挖掘元数据，可以得到直观的流式大数据挖掘模型的语义图。图 5.2 是在关联规则知识库上作出的基于 EPMML 的关联规则模型的元类之间的语义图，图中箭头表示元类与元类之间的包含关系"is_a"。

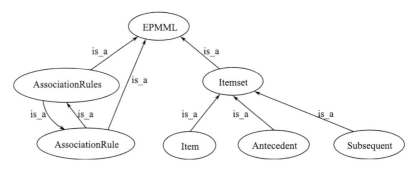

图 5.2 关联规则模型的语义图

图 5.3 是根据图 5.2 作出的描述逻辑知识库，图中 ⊆ 表示概念之间的包含关系，≡ 表示概念之间的等价关系。

$$
\begin{aligned}
&\text{Item} \subseteq \text{Itemset} \\
&\text{Subsequent} \subseteq \text{temset} \\
&\text{Antecedent} \subseteq \text{Itemset} \\
&\text{AssociationRule} \equiv \text{AssociationRules} \\
&\text{AssociationRule} \subseteq \text{EPMML} \\
&\text{AssociationRules} \subseteq \text{EPMML} \\
&\text{Itemset} \subseteq \text{EPMML}
\end{aligned}
$$

图 5.3 描述逻辑表示的关联规则模型知识库

## 5.3 基于 EPMML 的知识推理

使机器具有人类一样的智能是人类追求的理想，机器智能化是人类一直追求的目标。提倡不要轻易地用"智能"（intelligent）来描述机器，更适合的描述词是"更智能"（more intelligent）。逻辑推理是人类研究人工智能科学的重要内容。

描述逻辑 DL4PMML 为 EPMML 提供了严格的逻辑基础和形式化机制。因此，与 PMML 相比，EPMML 不仅具有知识表示功能，而且具有知识推理功能。本节首先分析描述逻辑 DL4PMML 的推理复杂性，然后设计基于 EPMML 的流式大数据挖掘元数据一致性检测框架，并通过实例验证 EPMML 支持知识推理的正确性和有效性。

### 5.3.1　DL4PMML 的推理复杂性

定理 4.3 已证明，DL4PMML 是可判定的，并且是 EXPTIME 完全问题。下面给出两个定理证明 DL4PMML 上的推理问题可以规约到 Abox 上的一致性检测问题。

**定理 5.1**　DL4PMML 上的推理可以规约到 DL4PMML 的可满足性问题。

**证明：** DL4PMML 的推理问题包括五类。知识库的可满足性：给定一个 DL4PMML 知识库 $K$，存在一个解释 $I$，使得 $I \models K$。概念的可满足性：关于 Tbox $T$，如果概念 $C$ 非空，即存在一个解释 $I$，其中 $I \models T$，满足 $C^I \neq \varnothing$。概念的包含关系：关于 Tbox $T$，如果概念 $C_1$ 包含概念 $C_2$，即对任意解释 $I$，其中 $I \models T$，满足 $C_2^I \subseteq C_1^I$，记为 $T \models C_2 \subseteq C_1$。实例检测：关于 DL4PMML 的知识库 $K$，如果个体名 $a$ 属于概念 $C$，即对任意解释 $I$，其中 $I \models K$，满足 $a^I \subseteq C^I$，记为 $K \models C(a)$。查询检索：关于 DL 知识库 $K$，找到概念 $C$ 的所有个体名 $a$，使得 $K \models C(a)$。

对于两个概念 $C$ 和 $D$，有：$C$ 不可满足 $\equiv C$ 包含于 $\bot$；$C$ 和 $D$ 相等 $\equiv C$ 包含于 $D$，且 $D$ 包含于 $C$；$C$ 和 $D$ 相离 $\equiv C \cap D$ 包含于 $\bot$。根据实例检测的含义，实例检测可以规约到 $a^I \subseteq C^I$ 是不可满足的。查询检索可以通过实例检测实现。所以 DL4PMML 上的推理问题都可以规约到包含关系的判断，如果存在判断包含关系的算法，则必然存在解决其他推理问题的算法，且判断包含关系的复杂度是其他推理问题复杂度的上界。

进一步地，对于两个概念 $C$ 和 $D$，有：$C$ 包含于 $D \equiv C \cap \neg D$ 是不可满足的；$C$ 和 $D$ 相等 $\equiv C \cap \neg D$，$\neg C \cap D$ 都不可满足；$C$ 和 $D$ 相离 $\equiv C \cap D$ 不可满足。所以 DL4PMML 上的推理问题都可以规约到可满足性问题，如果存在判断可满足性的算法，则必然存在解决其他推理问题的算法。

根据二元关系理论，关系是概念的笛卡儿积的子集。因此，自然可将上面概念的可满足性问题演化到 Rbox 上的关系可满足性问题。

综上所述，DL4PMML 上的推理可以规约到 DL4PMML 的可满足性问题。

**定理 5.2**　DL4PMML 的推理问题可以规约到 Abox 上的一致性检验问题。

**证明：** 概念 $C$ 是可满足的当且仅当 $\{C(a)\}$ 是一致性的，这表明知识库的可满足性，概念的可满足性以及概念的包含关系可以规约到 Abox 的一致性检验。$A \models C(a) \equiv A \cup \neg C(a)$ 是不一致的，这表明实例检测可以规约到 Abox 一致性检验，查询检索可以通过实例检测实现，所以查询也可以通过一致性检验实现。

### 5.3.2 EPMML 元数据一致性检测框架

图 5.4 给出了基于 EPMML 的流式大数据挖掘元数据的一致性检测框架，图中箭头表示组件间的流程方向。框架的初始状态是用户输入的基于 EPMML 的流式大数据挖掘元数据。XML 验证过程主要检测 EPMML 元数据语法层的一致性，如果结果不合法，则元数据一致性检测任务终止，并向用户返回不合法的错误信息，以供修正 EPMML 元数据语法错误。经过 XML 验证通过的合法 EPMML 元数据，首先经过映射过程转化为基于 DL4PMML 的流式大数据挖掘元数据知识库。然后进入知识推理过程，这一过程的推理原理使用描述逻辑的 Tableaux 算法。经过知识推理的结果返回用户交互界面。如果存在冲突信息，则对合法的 EPMML 元数据进行语义修正，否则任务结束。

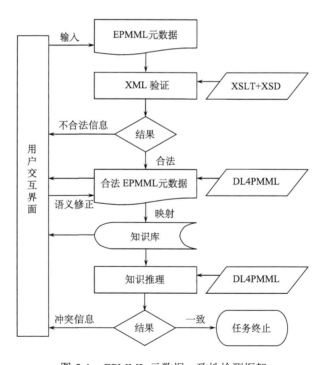

图 5.4　EPMML 元数据一致性检测框架

## 5.4　知识推理和一致性检测示例

### 5.4.1　语义一致性示例

在 PMML 中，用语言元素 AssociationRule 来声明一个关联规则，不允许使用语言元素 AssociationRules。然而，在描述关联规则的 EPMML 元数据中，允许 AssociationRule 和 AssociationRules 都表示关联规则元类，这更加符合使用习惯。这个语义匹配可以通过增加元类的匹配来实现。下面的定义可以实现该元类语义的匹配，保证该语义使用的一致性。

```
<epmml:Class rdf:ID="AssociationRules">
    <epmml:equivalentClass rdf:resource="#AssociationRule"/>
</epmml:Class>
```

### 5.4.2　冲突检测示例

在推理实例中选择 RacerPro 1.90 作为推理工具，这是考虑到推理引擎 Racer 的 Tableaux 算法是可靠完备的，并且目前 RacerPro 1.90 具备了描述逻辑知识库 Tbox、Abox 和 Rbox 的建立界面，且查询推理语言（RDF query language, RQL）具有良好的表达能力[148]。在 RacerPro 1.90 中构建 EPMML 元数据的知识库，然后调用 Racer 推理引擎进行知识推理，以检测流式大数据挖掘元数据的冲突问题。表 5.2 列出了 DL4PMML 语法、EPMML 语法和推理工具 RacerPro 语法之间的映射关系。

表 5.2　DL4PMML 语法、EPMML 语法与 RacerPro 语法的映射关系

| DL4PMML 语法 | EPMML 语法 | RacerPro 语法 |
|---|---|---|
| $\top_1$ | epmml:Thing | Top-Concept |
| $\bot_1$ | epmml:Nothing | Nothing |
| $\neg C$ | epmml:comlementOf | not $C$ |
| $C_1 \cap C_2$ | epmml:intersectionOf | and $C_1..C_2$ |
| $C_1 \cup C_2$ | epmml:unionOf | or $C_1..C_2$ |
| $\exists R.C$ | Restriction($R$ someValueFrom($C$)) | some $R$ $C$ |
| $\forall R.C$ | Restriction($R$ allValueFrom($C$)) | all $R$ $C$ |
| $\{a_1,\cdots,a_n\}$ | epmml:oneOf | one-of[$a_1,\cdots,a_n$] |
| $\geqslant n\,R$ | Restriction($R$ minCardinality($n$)) | at-least $nR$ |
| $\leqslant n\,R$ | Restriction($R$ maxCardinality($n$)) | at-most $nR$ |
| $R^-$ | epmml:InverseProperty | inverse[$R$] |

在描述关联规则的 EPMML 元数据中，经过 XSD 和 XSLT 验证通过的元数据并不能保证其没有冲突问题，如 PMML 中存在冗余、引用冲突等。下面给出描述关联规则的 EPMML 元数据中描述一条关联规则的 EPMML 片断，但其违背了关联规则前件和后件交集为空集的语义要求。代码如下：

```
<AssociationRules rdf:ID="AssociationRules_1">
  <HasAntecedent>
    <Item rdf:ID="Beer">
      <BeAntecedentOf rdf:resource="#AssociationRules_1"/>
    </Item>
  </HasAntecedent>
  <HasConfidence rdf:datatype=" http://www.dmg.org/ v3-2/
  pmml-3-2.xsd#PROB-NUMBER ">0.8
  </HasConfidence>
  <HasSupport rdf:datatype=" http://www.dmg.org/ v3-2/
  pmml-3-2.xsd#PROB-NUMBER ">0.2
  </HasSupport>
  <HasSubsequent>
   <Item rdf:ID=" Beer">
      <BeSubsequentOf rdf:resource="#AssociationRules_1"/>
    </Item>
  </HasSubsequent>
  <HasSubsequent>
    <Item rdf:ID="Diaper">
      <BeSubsequentOf rdf:resource="#AssociationRules_1"/>
    </Item>
  </HasSubsequent>
</AssociationRules>
```

关联规则中要求规则的前件项集和后件项集的交集是空集，然而，在传统的 PMML 元数据中不能标识这样的语义。在 EPMML 中，可以声明在一个规则中，前件项集和后件项集没有交集。如果元数据中出现了这样的交集，则元数据冲突。首先将 EPMML 元数据映射为 DL4PMML 描述逻辑知识库，用 RacerPro 的查询推理语句 nRQL 可以发现上述冲突：

```
;;=======A-box Reasoning =======
```

```
;;Check the consistency of and Abox w.r.t. a Tbox
(abox-consistenct? EPMML-data-mining-metadata)
;; Retrieve individuals that satisfy certain conditions
(Retrieve（?x）（? Antecedent)
```

得到如下冲突信息：

```
Error: Abox EPMML-data-mining-metadata is incoherent.
Antecedent is disjoint with Subsequent. Individual Beer is either
instance of Antecedent or Subsequent.
```

根据上面发现的冲突，可以进一步找出冲突的原因，并修复关联规则模型的元数据。上面冲突的原因是：实例 Beer 属于类 Antecedent，实例 Diaper 属于类 Subsequent，而类 Antecedent 和类 Subsequent 是相离（disjoint）关系，也就是说这两个类没有交集，因而发生冲突。对该语义冲突的解决方法是在上面的元数据中，去掉后件中的项 Beer 描述。在 RacerPro 中重新运行查询推理语句，上面的错误信息会消失。

## 5.5　本　章　小　结

人们不仅需要流式大数据挖掘服务平台为用户挖掘出数据中潜在的规则和模式并利用这些规则和模式进行预测，而且希望这些规则和模式能够方便地与其他应用程序共享、交换和集成。本章的主要工作是讨论如何应用 EPMML 表示流式大数据挖掘服务平台挖掘的结果模式，以及 EPMML 如何支持知识推理。

本章定义了基于 EPMML 的流式大数据挖掘元数据，分析了基于 EPMML 的流式大数据挖掘服务平台元数据，阐述了 EPMML 如何作为建模语言进行知识表示和知识推理。流式大数据挖掘得到的结果模式可以使用 EPMML 表示并进行部署。与 PMML 相比，知识推理是 EPMML 具有的显著优势，为此，本章提出一种 EPMML 元数据的语义一致性检测框架，通过实例说明 EPMML 在支持知识表示和知识推理上的有效性。

EPMML 的知识表示和知识推理功能为在后面研究流式大数据挖掘服务平台的构建提供了技术基础，本章对基于 EPMML 的流式大数据挖掘服务平台元数据的分析和验证同样适用于传统静态数据挖掘系统。后面章节将进一步分析应用 EPMML 建模流式大数据挖掘服务平台的数据组件和算法组件。

# 第 6 章　基于 EPMML 的流式大数据挖掘服务平台的数据组件建模

*巧妇难为无米之炊。*

——宋·陆游《老学庵笔记》卷三

在上海举办的第 28 届世界软件工程大会上,杨芙清院士在大会开幕式上指出,软件工程已推进企业进入"软件工业化"生产时代,不断采用构件技术是未来软件生产力提高的主要来源[128]。数据和算法是数据挖掘不可或缺的两个组成部分。在面向构件的软件体系结构中,将数据组件和算法组件作为流式大数据挖掘服务平台的两个相辅相成的构件。为此,本章和第 7 章将分别提出面向流式大数据挖掘服务平台的数据组件建模和算法组件建模,并讨论 EPMML 在数据管理和算法管理中的应用。

本章首先对流式大数据挖掘进行数据建模,揭示流式大数据挖掘的数学本质,在对流式大数据结构和挖掘有清晰认识的基础上,进一步讨论如何将 EPMML 应用到流式大数据挖掘服务平台的数据管理中。

本章内容组织如下:6.1 节提出流式大数据挖掘的形式化数据建模的理念,采用形式化概念分析的理论建模流式大数据结构和提取流式大数据规则;6.2 节进一步解释流式大数据挖掘,包括对关联规则和分类规则的解释;6.3 节应用 EPMML 对流式大数据的数据组件进行建模;6.4 节给出具体的关联规则挖掘实例来演示 EPMML 如何描述数据组件并进行规则提取;6.5 节是本章小结。

本书认为,在开发流式大数据挖掘服务平台之前,理解流式大数据挖掘是什么尤为重要,缺少对流式大数据挖掘本质的探索会阻碍流式大数据挖掘技术的深入发展和流式大数据挖掘服务平台的开发。本章将首先对流式大数据挖掘进行形式化概念分析,精确地解释大量流式大数据集中规则提取和概念迁移的实质,然后用其指导人们研究基于 EPMML 的数据管理。

## 6.1　流式大数据挖掘的形式化数据模型

与 30 年前的数据库研究领域相比,数据挖掘仍是一个较新的领域。如同关系代数和关系演算作为关系数据库的理论基础，数据挖掘迫切需要统一的系统的理论基础。当前数据挖掘研究的一个不平衡是人们更多地关注数据挖掘算法的提出与改进，而较少关注数据挖掘的理论基础，即回答数据挖掘的理论实质的问题。引用在数据挖掘基础理论上做出较大贡献的加拿大学者 Yao 的一句话 "A lack of conceptual modeling may jeopardize further development of data mining" [25]。

美国数学家 Lin 和加拿大学者 Yao 分别运用邻域系统理论和粗糙集理论研究了数据挖掘的建模，并做了一些工作[24, 25, 149-154]。然而，他们的工作不能适用于流式大数据挖掘，目前国内外还缺少对流式大数据规则提取的形式化数据建模。本节使用决策逻辑语言作为形式化概念分析理论[155]，提出一种面向基于流式大数据挖掘的决策逻辑语言，使用该语言深入研究流式大数据挖掘的数据建模。

**定义 6.1**　流式大数据挖掘的数据建模，是运用形式化的理论方法，给出流式大数据集的数据模型以及描述和解释从流式大数据集中提取规则。

这里，形式化的理论方法相对自然语言而言，具有严格的形式语言，它给出一套定义、定理、规则和推导等，能够对数据建模的对象进行精确的描述和解释。

要建模流式大数据挖掘，需要寻找一套严格而精确的形式化方法。本章运用决策逻辑语言作为流式大数据挖掘的数据建模的理论工具，研究流式大数据挖掘中的关联规则提取和决策规则提取的实质。

### 6.1.1　流式数据的信息系统模型

流式数据是一个不断出现的项目序列[34]，这里的项目序列也可以表述为事务序列或者对象序列。与传统的静态数据相比，流式数据连续地、潜在无边界地、通常高速地出现。假设流式数据是连续性质的信息系统，也就是说，信息系统里的对象是无界的。为此，首先引入一个时间窗口机制来作为流式数据的预处理模型。这是可以实现的，因为从传感器网络获取、电话呼叫记录等流式数据都具有时间标签。图 6.1 给出了一个流式数据的时间窗口模型。

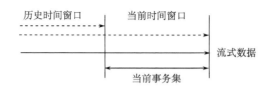

图 6.1　流式数据的时间窗口模型

**定义 6.2**　时序流式数据集是六元组：$DS = \{TW, T, A, \mathcal{L}, \{V_a \mid a \in A\}, \{I_a \mid a \in A\}\}$，称为流式数据集的信息系统模型。

（1）TW 是一个时间窗口，可以设置为一秒钟、一分钟或其他。一个 TW 可以决定具体的流式数据的信息表 DS 的长度。用时间戳（time stamp）标记 $T$ 中的一个事务，这个时刻即该事务被记录的时刻。

（2）$T$ 是一个具体的事务集合（transaction set），$T$ 中的一个事务又称为对象。

（3）$A$ 是属性的非空有限集合。

（4）$\mathcal{L}$ 是一个在 $A$ 集合的属性上定义的决策逻辑语言，后面将对 $\mathcal{L}$ 进行解释。

（5）$V_a$ 是对于 $a \in A$ 的属性值的非空集合。

（6）$I_a$ 是一个从 $T$ 到 $V_a$ 上的信息映射。

读者可结合流式数据中规则提取的解释和相关实例更深入地理解定义 6.2。

## 6.1.2 面向流式大数据挖掘的决策逻辑语言

波兰学者 Pawlak 的粗糙集理论对决策逻辑语言进行了详细的讨论[156-158]。简单地说，决策逻辑语言是一种特殊的经典谓词逻辑，其语义采用 Tarski[159] 意义下的模型和可满足性：信息系统 IS 是对符号以及公式进行解释的模型；如果对象 $x$ 在模型 IS 的解释下满足公式 $\phi$，则记为 $x \vDash \phi$。Yao 借助 Zadeh 提出的广义约束给出带有语义限制的逻辑语言，并将其作为一种粒计算的模型[24, 160, 161]。本章提出一种面向流式大数据挖掘服务平台的决策逻辑语言 $\mathcal{L}$，其语义采用 Tarski 意义下的模型和可满足性。

**定义 6.3** 决策逻辑语言 $\mathcal{L}$ 是一种面向流式大数据挖掘的谓词逻辑语言，它的语义采用 Tarski 意义下的模型和可满足性组成。

**定义 6.4** 公式。在决策逻辑语言 $\mathcal{L}$ 中公式通过如下三个规则得到：

（1）$<a,v>$ 是一个原子公式，这里 $a \in A$ 并且 $v \in V_a$。

（2）如果 $\phi$ 和 $\varphi$ 是公式，那么 $\neg\phi$、$\neg\varphi$、$\phi \wedge \varphi$、$\phi \vee \varphi$、$\phi \leftrightarrow \varphi$、$\phi \equiv \varphi$ 都是公式。

（3）只有有限次数地应用上面两个规则得到的组合式子是公式。

上面关于公式的定义是一种递归定义方式，在本书后面还会用到这种递归的定义方式。$\phi \wedge \varphi$，$(\phi \wedge \varphi) \rightarrow \omega$ 称为组合公式，原子公式和组合公式统称为公式。

**定义 6.5** 可满足性。用符号"$\vDash$"表示满足，决策逻辑语言 $\mathcal{L}$ 的可满足性有如下条件：

（1）$x \vDash <a,v>$ 当且仅当 $I_a(x)=v$。

（2）$x \vDash \neg\phi$ 当且仅当 $\neg x \vDash \phi$。

（3）$x \vDash \phi \wedge \varphi$ 当且仅当 $x \vDash \phi$ 并且 $x \vDash \varphi$。

（4）$x \vDash \phi \vee \varphi$ 当且仅当 $x \vDash \phi$ 或者 $x \vDash \varphi$。

（5）$x \vDash \phi \to \varphi$ 当且仅当 $x \vDash \neg \phi \vee \varphi$。

（6）$x \vDash \phi \leftrightarrow \varphi$ 当且仅当 $x \vDash \phi \to \varphi$ 并且 $x \vDash \varphi \to \phi$。

**定义 6.6**　事务集合 $T$ 在公式 $\phi$ 上是可满足的，当且仅当 $\exists x \in T$，$x \vDash \phi$。

**定义 6.7**　公式 $\phi$ 是真，当且仅当 $\forall x \in T$，$x \vDash \phi$。

**定义 6.8**　意义集。对于一个公式 $\phi$，集合 $m(\phi) = \{ x \in T \mid x \vDash \phi \}$ 称为公式 $\phi$ 在数据集 $D$ 上的意义集。

**定义 6.9**　时间窗口 TW 是一个二元组 $< \tau_b, \tau_e >$，$\tau_b$ 称为该时间窗口 TW 的起始时间，$\tau_e$ 称为 TW 的终止时间。

无线传感器网络产生的流式大数据的时间戳是随机发生的，而有些流式大数据（如股市流式大数据等）能够按照固定的时间产生数据，这种情况下，可以将时间窗口细分为均匀的时间刻度，流式大数据每隔一个时间刻度产生一个事务。

根据意义集的定义，给出定理 6.1。

**定理 6.1**　意义集具有下列性质。

（1）$m(<a,v>) = \{ x \in T \mid I_a(x) = v \}$。

（2）$m(\neg \phi) = T - m(\phi)$。

（3）$m(\phi \wedge \varphi) = m(\phi) \cap m(\varphi)$。

（4）$m(\phi \vee \varphi) = m(\phi) \cup m(\varphi)$。

（5）$m(\phi \to \varphi) = m(\neg \phi \vee \varphi)$。

（6）$m(\phi \leftrightarrow \varphi) = m(\phi \to \varphi) \cap m(\varphi \to \phi)$。

**定理 6.2**　如果一个数据集 $D$ 中的事务集合 $T$ 在公式 $\phi$ 上是可满足的，那么意义集 $m(\phi)$ 非空。如果一个公式 $\phi$ 在数据集 $D$ 上为真，那么意义集 $m(\phi)$ 是 $T$ 本身。

**证明：** 根据定义 6.6 和定义 6.7，可以得到定理 6.2。

### 6.1.3　概念的内涵和外延

一个概念包含两方面：内涵和外延。概念的内涵描述了一批对象共有的性质，而概念的外延则是指满足这个概念的对象的集合。在信息系统模型中，用 $< \phi, m(\phi) >$ 表示一个概念。这里，$\phi$ 是信息系统模型中的公式，$m(\phi)$ 是公式 $\phi$ 的意义集。$\phi$ 描述了概念 $< \phi, m(\phi) >$ 的内涵，$m(\phi)$ 描述了公式 $\phi$ 可满足的事务的集合，是概念 $< \phi, m(\phi) >$ 的外延。

### 6.1.4　概念迁移的实质

动态的流式大数据与传统的静态数据的一个不同之处是随着时间的推移，在流式大数据中存在概念迁移问题。对于一个静态数据集，通过数据挖掘算法得到的规则不存在随时间变化的问题。然而，流式大数据的特征决定了伴随着时间的推移，历史数据中隐含的知识在当前时期或者在将来时期内可能不再是人们感兴趣的知识，这一现象称为概念迁移，本节将分析流式大数据集上概念迁移的实质。

在一个时间窗口中，事务是不变的，可以看做一个静态数据集。但是，在时序流式大数据中，随着时间的推移，事务数据集会更新。从时间窗口的角度来看，这个事务数据集的更新可以分解为事务的增加和删除。如果增加了事务数据，则某个公式 $\phi$ 的意义集 $m(\phi)$ 可能会增大或者保持不变；相反，如果删除了事务数据，则公式 $\phi$ 的意义集 $m(\phi)$ 可能会减小或者保持不变。

假设当前的时间窗口是 $<\tau_b, \tau_e>$，在这个时间窗口内，一个概念 $<\phi, m(\phi)>$ 是不变的。随着时间的推移，这里时间推移以一个时间窗口为单位，当进入下一个时间窗口 $<\tau_b', \tau_e'>$ 时，$<\tau_b', \tau_e'>$ 就成为当前时间窗口，$<\tau_b, \tau_e>$ 成为历史时间窗口，称 $<\tau_b', \tau_e'>$ 是 $<\tau_b, \tau_e>$ 的直接后继。

在信息系统中，如果事务 $x$ 和事务 $y$ 同时满足公式 $\phi$，那么可以将它们放在一起。事实上，公式 $\phi$ 决定了满足公式 $\phi$ 的一个等价类。在一个时间窗口内，这个等价类是不变的。但是，在这个时间窗口的后继中，这个等价类将会因事务数据的改变而变化。使用意义集 $m(\phi)$ 描述满足公式 $\phi$ 的事务的集合，时间窗口上的公式意义集有下面的性质。

（1）意义集 $m(\phi)$ 增强当且仅当 $m(\phi)$ 扩大。

（2）意义集 $m(\phi)$ 减弱当且仅当 $m(\phi)$ 缩小。

（3）意义集 $m(\phi)$ 保持不变当且仅当 $m(\phi)$ 集合没有变化。

有以下断言：在流式大数据中，如果意义集 $m(\phi)$ 增强，那么概念 $<\phi, m(\phi)>$ 增强；如果意义集 $m(\phi)$ 减弱，那么概念 $<\phi, m(\phi)>$ 减弱。总而言之，随着时间的变化，概念 $<\phi, m(\phi)>$ 是在迁移的。**流式大数据中的概念迁移是由于概念的外延在变化，其实质是这个概念的意义集在变化。**

# 6.2　流式大数据上规则提取的解释

流式大数据挖掘产生的关联规则、决策规则以及其他规则等代表了知识，并且关联规则和决策规则可以用来进行预测并支持决策。本节使用 6.1 节的意义集理论进一步对规则提取进行形式化概念分析，目标是精确地解释流式大数据集上的规则提取。

## 6.2.1　规则的质量度量

在数据挖掘中，规则可以用条件概率来解释。使用集合的基数的方法可以得到列联表，参见表 6.1，表中|*|表示意义集*的基数。

表 6.1　意义集列联表

| | $\varphi$ | $\neg\varphi$ | $\Sigma_{\text{row}}$ |
|---|---|---|---|
| $\phi$ | $|m(\phi)\cap m(\varphi)|$ | $|m(\phi)\cap m(\neg\varphi)|$ | $|m(\phi)|$ |
| $\neg\phi$ | $|m(\neg\phi)\cap m(\varphi)|$ | $|m(\neg\phi)\cap m(\neg\varphi)|$ | $|m(\neg\phi)|$ |
| $\Sigma_{\text{column}}$ | $|m(\varphi)|$ | $|m(\neg\varphi)|$ | $|T|$ |

（1）概念的强度。概念 $<\phi,m(\phi)>$ 的强度，或者称为概念的普遍性，定义为

$$G(\phi)=\frac{|m(\phi)|}{|T|}$$

它描述了概念 $<\phi,m(\phi)>$ 的相对大小。一个概念在整个事务对象集 $T$ 中覆盖的实例越多，它的强度越大。显然，$0\le G(\phi)\le 1$。

（2）$\phi$ 对 $\varphi$ 的绝对支持度定义为

$$\text{AS}(\phi\rightarrow\varphi)=\text{AS}(\varphi\,|\,\phi)=\frac{|m(\phi)\cap m(\varphi)|}{|m(\phi)|}$$

式中，$m(\phi)\ne 0$，$\text{AS}(\phi\rightarrow\varphi)$ 的大小描述了 $\phi$ 对 $\varphi$ 的支持程度，它可以看作给定满足公式 $\phi$ 先验条件下的对象中满足公式 $\varphi$ 的条件概率，从集合论的角度看，它是意义集 $m(\phi)$ 包含在意义集 $m(\varphi)$ 中的程度。显然，$\text{AS}(\phi\rightarrow\varphi)=1$ 当且仅当 $m(\phi)\subseteq m(\varphi)$。

（3）$\phi$ 对 $\varphi$ 的支持改变度定义为

$$\text{CS}(\phi\rightarrow\varphi)=\text{CS}(\varphi\,|\,\phi)=\text{AS}(\varphi\,|\,\phi)-G(\varphi)$$

式中，$\phi$ 对 $\varphi$ 的支持改变度变化范围为 $-1\sim 1$。如果支持改变度是正数，则称 $\phi$ 正相关于 $\varphi$；如果支持改变度是负数，则称 $\phi$ 负相关于 $\varphi$。

（4）$\phi$ 和 $\varphi$ 的相互支持度定义为

$$\text{MS}(\phi\leftrightarrow\varphi)=\text{MS}(\varphi,\phi)=\frac{m(\phi)\cap m(\varphi)}{m(\phi)\cup m(\varphi)}$$

显然，$0\le\text{MS}(\phi\leftrightarrow\varphi)\le 1$。相互支持度可以作为度量 $\phi$ 和 $\varphi$ 相互依赖的强弱。

通过表 6.1 还可以得到更多规则度量指标，文献[29]、文献[32]、文献[40]、文献[162]中度量关联规则和决策规则等使用的度量指标的本源是列联表中的条件概率。

## 6.2.2　关联规则的解释

事务数据库（如购物篮事务数据库）可以转换成二元信息表，如表 6.2 所示，并且在此基础上进行关联分析。首先提出基于意义集的关联规则定义，这与基于

传统的关联规则定义[29, 40, 163]有所区别。

表 6.2　事务数据库二元信息表

| TID | $i_1$ | $i_2$ | $i_3$ | $i_4$ | $i_5$ | $i_6$ |
|-----|-------|-------|-------|-------|-------|-------|
| 1 | 1 | 1 | 0 | 0 | 0 | 0 |
| 2 | 1 | 0 | 1 | 1 | 1 | 0 |
| 3 | 0 | 1 | 1 | 1 | 0 | 1 |
| 4 | 1 | 1 | 1 | 1 | 0 | 0 |
| 5 | 1 | 1 | 1 | 0 | 0 | 1 |

**定义 6.10**　项集。令 $I = \{i_1, i_2, \cdots, i_m\}$ 为项的集合，而 $D = \{T_1, T_2, \cdots, T_N\}$ 是所有事务的集合。每个事务 $T_i$ 是一个项目子集，即 $T_i \subseteq I$。在关联分析中，包含 0 个或多个项的集合被称为项集（itemset）。如果一个项集包含 $k$ 个项，则称它为 $k$-项集。

**定义 6.11**　支持度计数。项集的一个重要性质是它的支持度计数，即包含特定项集的事务个数。数学上，项集 $X$ 的支持度计数 $\sigma(X) = \left| \{T_i \mid X \subseteq T_i, T_i \in D\} \right|$，其中|*|表示集合基数。

根据定义 6.11 可得如下定理：

**定理 6.3**　在二元信息表中，项集 $X$ 的支持度计数 $\sigma(X)$ 等于 $X$ 所含有的项取值为 1 并用 $\wedge$ 连接所构成的公式的意义集的基数。

**例 6.1**　表 6.2 中，项集 $\{i_1, i_2\}$ 的支持度计数为公式 $\{i_1 = 1 \wedge i_2 = 1\}$ 的意义集的基数。

**定义 6.12**　关联规则是形如 $X \Rightarrow Y$ 的逻辑蕴涵式，其中 $X, Y \subseteq I$，且 $X$、$Y$ 是不相交的项集，即 $X \cap Y = \varnothing$。关联规则的强度可以用它的支持度（support）和置信度（confidence）来度量。支持度确定规则可以用于给定数据集的频繁程度，而置信度确定 $Y$ 在包含 $X$ 的事务中出现的频繁程度。支持度（$s$）和置信度（$c$）定义如下：

$$s(X \Rightarrow Y) = \frac{\sigma(X \cup Y)}{N}$$

$$c(X \Rightarrow Y) = \frac{\sigma(X \cup Y)}{\sigma(X)}$$

根据定理 6.3 易得下面的结论。

**定理 6.4**　在二元信息表中，满足

$$s(X \Rightarrow Y) = \frac{\sigma(X \cup Y)}{N} = \frac{|m(\phi \wedge \varphi)|}{|T|}$$

$$c(X \Rightarrow Y) = \frac{\sigma(X \cup Y)}{\sigma(X)} = \frac{|m(\phi \wedge \varphi)|}{|m(\phi)|}$$

定理 6.4 是从意义集的角度对关联规则作出的解释。从 6.2.1 节中给出的规则质量度量可以看出，关联规则 $X \Rightarrow Y$ 的支持度实际上是公式 $\phi \wedge \varphi$ 的强度，置信度实际上是公式 $\phi \rightarrow \varphi$ 的绝对支持度。$\phi$ 是项集 $X$ 所含有的项取值为 1 并用 $\wedge$ 连接所构成的公式，$\varphi$ 是项集 $Y$ 所含有的项取值为 1 并用 $\wedge$ 连接所构成的公式。

支持度和置信度是度量关联规则的标准方法，但是这两个评价准则也存在一些问题。从置信度的公式可以看出，它完全忽略了 $\sigma(Y)$，因为这样一条关联规则是显而易见的。例如，某个人购买薯条，那么他购买可乐的支持度和置信度都很高，但是与啤酒-尿布这样的规则相比，它并不是一条有趣的规则。文献[164]提出了作用度的概念，作为关联规则的兴趣指标，作用度解决了置信度忽略规则后件中出现的项集的支持度的局限性。作用度的度量方式是

$$\text{lift}(X \Rightarrow Y) = \frac{c(X \Rightarrow Y)}{\sigma(Y)}$$

定理 6.5 从意义集的角度给出了作用度的解释。

**定理 6.5**　在二元信息表中，满足

$$\text{lift}(X \Rightarrow Y) = \frac{\sigma(X \cup Y)}{\sigma(X) \cdot \sigma(Y)} = \frac{|m(\phi \wedge \varphi)|}{|m(\phi)| \cdot |m(\varphi)|}$$

文献[165]提出了负关联的概念，事实上，可以从负关联的含义中提取如下定义：

**定义 6.13**　对于关联规则 $X \Rightarrow Y$，如果 $\text{CS}(X \Rightarrow Y) < 0$，则称 $X$ 与 $Y$ 是负关联的。

$\text{CS}(X \Rightarrow Y)$ 的计算是通过 6.2.1 节中绝对支持度的计算得到。

假设 $X \Rightarrow Y$ 的置信度是 0.90，如果 $G(Y) = 0.95$，那么 $\text{CS}(X \Rightarrow Y) < 0$，可以说 $X$ 实际上是与 $Y$ 负相关的，也就是说 $X \Rightarrow Y$ 并没有反映真正的关联关系。此外，文献[166]和文献[167]研究了"例外规则"，目的是发现数据集上被关联规则挖掘忽略的特殊的有价值的规则。

给定一个支持度阈值，在一个流式大数据集的信息表 DS 中，频繁项集定义为满足支持度大于该阈值的项集。对于流式大数据集，随着时间窗口的迁移，$\phi \wedge \varphi$ 的意义集会扩大或者减小。如果减小，则该项集的支持度减小，当支持度减小到低于最小支持度阈值时，该项集从频繁项集变为非频繁的。如果扩大，则项集的置信度会增加，这意味着该关联规则的强度增加。所以，在时序流式大数据中，

关联规则是随着时间的推移不断改变的，概念迁移的实质是决定关联规则的公式意义集的改变。

### 6.2.3 决策规则的解释

数据挖掘这个术语是在最近 20 年内才出现的，但分类问题可以认为是数据挖掘领域最古老的问题，动植物分类可以追溯到 18 世纪初叶甚至更早[168, 169]。在很多决策应用中，数据集的属性可以划分为条件属性和决策属性，例如，表 6.3 给出了一个含有决策属性的数据集。把这种含有决策属性的数据集称为决策表，从决策表中可以挖掘出用于预测的决策规则，用来挖掘决策规则的方法很多，如决策树、人工神经网络、贝叶斯分类、支持向量机等。这里不研究具体的分类技术和算法，而是从基于决策逻辑语言的形式化数据模型上来解释数据集上的决策规则。

表 6.3 含有决策属性的数据集

| （条件属性）<br>天气 | （条件属性）<br>温度 | （条件属性）<br>湿度 | （条件属性）<br>风力 | （决策属性）<br>类 |
|---|---|---|---|---|
| Overcast | Hot | High | Not | NoPlay |
| Overcast | Hot | High | Very | NoPlay |
| Overcast | Hot | High | Medium | NoPlay |
| Sunny | Hot | High | Not | Play |
| Sunny | Hot | High | Medium | Play |
| Rain | Mild | High | Not | NoPlay |
| … | … | … | … | … |

**定义 6.14** 决策表是一个数据集，如果数据集 $D$ 中的属性 $A$ 可以划分为两个属性子集：$A_C$ 和 $A_D$，分别称为数据集 $D$ 的条件属性集和决策属性集。

这里，划分的含义是指 $A_C \cup A_D = A$ 且 $A_C \cap A_D = \varnothing$。

**定义 6.15** 在决策逻辑语言 $\mathcal{L}$ 中，$\theta \rightarrow \psi$ 称为知识的决策规则，如果 $\theta$ 是条件属性集上的公式，$\psi$ 是决策属性集上的公式，则 $\theta$ 和 $\psi$ 分别称为决策规则的前驱和后继。

数据集 $D$ 中的决策规则 $\theta \rightarrow \psi$ 要么为真，要么为假。当数据集 $D$ 中决策规则 $\theta \rightarrow \psi$ 为真时，那么该决策规则在数据集 $D$ 中是一致的，否则该决策规则在数据集 $D$ 中是不一致的。当决策规则在 $D$ 中是一致的时，相同的前驱必导致相同的后继；但同一个后继不一定是由同一前驱产生的。事实上，当数据集 $D$ 中决策规则 $\theta \rightarrow \psi$ 为真时，该规则的绝对支持度是 1，即

$$\mathrm{AS}(\theta \to \psi) = \mathrm{AS}(\psi \mid \theta) = \frac{\left| m(\theta) \cap m(\psi) \right|}{\left| m(\theta) \right|} = 1$$

否则，该分类规则的绝对支持度是 0。

在挖掘分类规则的方法中，决策树是最有用的一种方法。ID3[170]和 C4.5[32]是构建数据集上分类树的经典算法和技术，很多提取分类规则的改进技术是基于 Quinlan 提出的信息增益思想的，限于篇幅，这里不作详述，感兴趣的读者可以参考文献[162]。

对于开发人员来说，在开发流式大数据挖掘服务平台之前，理解流式大数据挖掘的内涵本质（流式大数据挖掘是什么）是系统正确执行挖掘任务的保障。对流式大数据挖掘进行数据建模既有助于理解和认识流式大数据挖掘的本质，又能够检验流式大数据挖掘算法的复杂性和效率，更有助于在模型的基础上开发更有效的挖掘算法和流式大数据挖掘服务平台。

## 6.3　流式大数据挖掘服务平台数据组件的建模

前面的讨论解释了流式大数据挖掘"是什么"的问题，是对流式大数据挖掘服务平台模型级的研究。一方面，它有助于人们正确理解流式大数据规则提取的实质，另一方面，它有助于设计和开发流式大数据挖掘服务平台的数据组件。本节的工作是用 EPMML 建模和描述流式大数据挖掘服务平台的数据组件。

在设计流式大数据挖掘服务平台时，数据组件和算法组件是构成流式大数据挖掘服务平台的两个主要组件。数据组件负责从流式大数据中获取用于分析挖掘的数据集。图 6.2 是 EPMML 支持的数据组件类间的语义图。

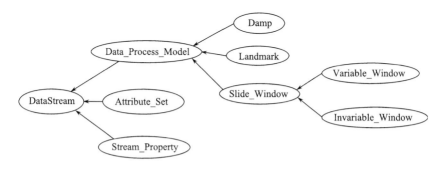

图 6.2　数据组件类间的语义图

图 6.2 中，箭头表示类之间的 has 关系。对于流式大数据来说，它的预处理模型包括界标模型 Landmark、衰减模型 Damp 和滑动窗口模型 Slide_Window。

目前，大部分基于滑动窗口处理模型的流式大数据挖掘算法的滑动窗口大小是不变的，事实上，真实流式大数据的速率不均，采用变尺度滑动窗口往往可以带来更加有效的挖掘效率[56]。所以滑动窗口处理模型可以划分为固定窗口大小和变尺度窗口大小两类滑动窗口模型。文献[56]给出了一种基于变尺度滑动窗口的流式大数据频发模式挖掘算法的主要思想。一个流式大数据有它的属性集 Attribute_Set，例如，无线传感器网络获取的天气流式大数据包括温度、湿度、大气压强、风向等属性。此外，流式大数据还有它的流属性 Stream_Property，包括速率、发生器、场景等。6.4 节将通过具体的实例演示与分析进一步阐述如何应用 EPMML 建模流式大数据挖掘服务平台数据组件。

## 6.4　实例演示与分析

6.2 节从决策逻辑语言的意义集角度给出了关联规则的解释，回答了数据集上规则提取"是什么"。下面进一步研究在基于决策逻辑语言的形式化数据模型下的规则演算。所谓规则演算，是指在流式大数据挖掘的形式化数据建模理论体系下需要"怎样做"来提取规则。

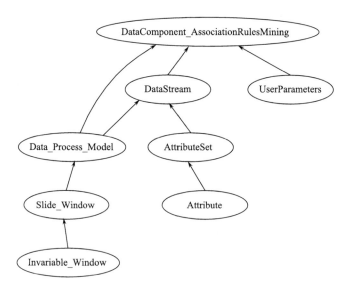

图 6.3　流式大数据关联规则挖掘数据组件的语义图

下面以一个具体的实例演示怎样在基于决策逻辑语言的形式化数据模型下进行流式大数据上的关联规则挖掘。1993 年，Agrawal 等首次提出了挖掘数据集中关联规则的算法[40]，该算法用到的核心性质是事务数据集上的 Apriori 性质，

Apriori 性质是指频繁项集的所有非空子集必须也是频繁的[29, 40]。详细的基于 Apriori 性质的频繁集挖掘算法可参考文献[40]、文献[80]和文献[163]。实际上，有很多关联规则挖掘算法都是基于 Apriori 性质的。

图 6.3 给出了流式大数据挖掘服务平台进行关联规则挖掘的数据组件的语义图，图中箭头表示类之间的 has 关系。对于关联规则挖掘的数据组件，需要提供流式大数据资源 DataStream、流式大数据的处理模型 Data_Process_Model 和上下文参数 UserParameters。用 EPMML 描述该数据组件，以方便流式大数据挖掘服务平台的其他组件（如挖掘组件）来调用。

用 EPMML 能很好地描述上述类之间的语义关系。例如，下面的 EPMML 元数据指出用户参数是关联规则挖掘的数据组件的一个子组件：

```
<epmml:Class rdf:ID="User_Parameters">
  <rdfs:subClassOf>
    <epmml:Class rdf:ID="DataComponent_AssociationRulesMining"/>
  </rdfs:subClassOf>
</epmml:Class>
```

描述类的数据属性的 EPMML 元数据如下，它描述了支持度阈值是用户参数类的数据属性，用于向挖掘组件提交用户自定义的关联规则挖掘参数：

```
<epmml:DatatypeProperty rdf:ID="SupportThreshold">
  <rdfs:range
    rdf:resource="http://www.w3.org/2001/XMLSchema#PROB-NUMBER"/>
  <rdfs:domain rdf:resource="#User_Parameters"/>
</epmml:DatatypeProperty>
```

下面是数据组件提供给挖掘组件的接口元数据，它提供了如下用于关联规则挖掘的参数：支持度阈值为 0.22，置信度阈值为 0.9，不变滑动窗口大小为 9，数据集的属性为 i1、i2、i3、i4 和 i5：

```
<User_ Parameters rdf:ID="User_ Parameters _1">
  <SupportThreshold rdf:datatype="http://www.w3.org/2001/
    XMLSchema#PROB-NUMBER"
  >0.222</SupportThreshold>
  <rdfs:comment rdf:datatype="http://www.w3.org/2001/ XMLSchema#
    string"
  >给出关联规则挖掘阈值、支持度和置信度</rdfs:comment>
```

```
    <ConfidenceThreshold rdf:datatype="http://www.w3.org/2001/
    XMLSchema#PROB-NUMBER"
    >0.9</ConfidenceThreshold>
</User_ Parameters >
<Attribute rdf:ID="i1"/>
<Attribute rdf:ID="i2"/>
<Attribute rdf:ID="i3"/>
<Attribute rdf:ID="i4"/>
<Attribute rdf:ID="i5"/>
<Invariable_Window rdf:ID="Invariable_Window_1">
    <WindowSize rdf:datatype="http://www.w3.org/2001/
    XMLSchema#int"
    >9</WindowSize>
    <rdfs:comment rdf:datatype="http://www.w3.org/2001/
    XMLSchema#string"
    >滑动窗口大小为9（9个元组）</rdfs:comment>
</Invariable_Window>
<Invariable_Window rdf:ID="Invariable_Window_2">
    <WindowSize rdf:datatype="http://www.w3.org/2001/
    XMLSchema#int"
    >9</WindowSize>
</Invariable_Window>
```

　　根据上面用 EPMML 描述的接口元数据，可以作出如图 6.4 所示的流式大数据挖掘服务平台的数据组件本体图，图中箭头标记 is_a 表示该本体的概念之间的 is_a 关系，标记 instance_of 表示概念与概念的实例之间的关系，该实例给出了具体的用户参数、流式大数据的属性集和不变滑动窗口的大小，如图 6.4 所示。

　　这里为了便于通过实例演示流式大数据上关联规则的挖掘过程，采用基于 Apriori 性质的挖掘方法。假设现在算法库中已有基于 Apriori 性质的频繁集挖掘算法，下面的过程是在挖掘组件内部进行的。与许多文献中的关联规则挖掘方法不同，这里采用一种位运算[151]的操作，目的是把基于 6.2 节意义集的规则理论实例化。

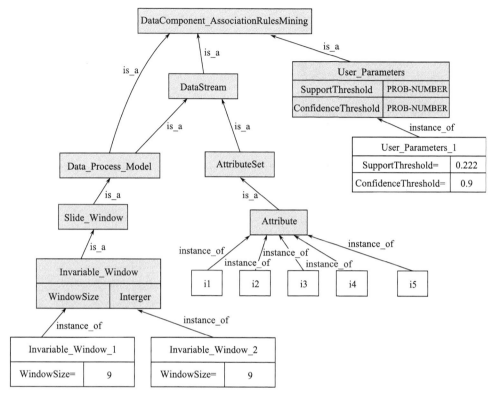

图 6.4　流式大数据关联规则挖掘数据组件本体

表 6.4 是通过 EPMML 元数据提取的滑动窗口 Invariable_Window_1 中的一个事务数据集#1，它是事务数据集的二元信息表表示。支持度阈值 $\lambda_{support}$ 为 2/9=0.222，与 Agrawal 的 Apriori 算法思路相似，首先一次扫描数据集，产生候选 1-项集，如表 6.5 所示。

表 6.4　事务数据集#1

| TID | $i_1$ | $i_2$ | $i_3$ | $i_4$ | $i_5$ |
|-----|-------|-------|-------|-------|-------|
| 001 | 0 | 1 | 0 | 1 | 1 |
| 002 | 1 | 0 | 0 | 1 | 0 |
| 003 | 0 | 0 | 1 | 1 | 0 |
| 004 | 0 | 1 | 0 | 1 | 0 |
| 005 | 0 | 1 | 1 | 0 | 0 |
| 006 | 0 | 0 | 1 | 1 | 0 |
| 007 | 0 | 1 | 1 | 0 | 1 |
| 008 | 0 | 1 | 1 | 1 | 1 |
| 009 | 0 | 1 | 1 | 1 | 0 |

在表 6.5 中，意义集位表示与意义集是一一对应的。选取的位的长度取决于事务集的长度，如该例中位的长度是 9。意义集中包括哪个事务对象，则在意义集位表示中相应的位置取 1，否则取 0。例如，意义集 {001,007,008} 的位表示是 100000110。

表6.5　候选 1-项集

| 项集 | 意义集 | 意义集位表示 | 意义集大小 |
|---|---|---|---|
| $[i_1]$ | {002} | 000100000 | 1 |
| $[i_2]$ | {001,004,005,007,008,009} | 100110111 | 6 |
| $[i_3]$ | {003,005,006,007,008,009} | 001011111 | 6 |
| $[i_4]$ | {001,002,003,004,006,008,009} | 111101011 | 7 |
| $[i_5]$ | {001,007,008} | 100000110 | 3 |

表 6.5 中项集$[i_1]$不是频繁项集，其余 1-项集是频繁项集。根据 Apriori 性质，所有 $i_1$ 的超集都不是频繁项集，从表 6.5 候选 1-项集中去掉项集$[i_1]$，可以得到频繁 1-项集，如表 6.6 所示。

表6.6　频繁 1-项集

| 项集 | 意义集 | 意义集位表示 | 意义集大小 |
|---|---|---|---|
| $[i_2]$ | {001,004,005,007,008,009} | 100110111 | 6 |
| $[i_3]$ | {003,005,006,007,008,009} | 001011111 | 6 |
| $[i_4]$ | {001,002,003,004,006,008,009} | 111101011 | 7 |
| $[i_5]$ | {001,007,008} | 100000110 | 3 |

与挖掘数据集上频繁项集的 Apriori 算法相似，在基于意义集的形式化数据模型下，挖掘频繁集也采用连接和剪枝两个步骤。

连接步骤：为了寻找候选 $k$-项集，需要对频繁（$k-1$）-项集进行连接操作得到。在连接操作过程中，为了产生的组合意义集不会遗漏，连接方式满足

$$(M_1.i[1] = M_2.i[1]) \wedge (M_1.i[2] = M_2.i[2]) \wedge \cdots \wedge (M_1.i[k-2]$$
$$= M_2.i[k-2]) \wedge (M_1.i[k-1] < M_2.i[k-1])$$

式中，$M_m.i[k]$表示候选项集 $M_m$ 中按序排列的第 $k$ 个项。根据连接条件，候选 2-项集$[i_2, i_3]$可以与$[i_2, i_4]$进行连接，但是$[i_2, i_3]$不可以与$[i_3, i_5]$或者$[i_4, i_5]$连接。

剪枝步骤：一个从候选 $k$-项集到频繁 $k$-项集的过程。通过连接得到的候选项集可能很大，为了提高性能，使用 Apriori 性质对候选项集剪枝。根据 Apriori 性

质，任何非频繁（$k-1$）-项集都不可能是频繁 $k$-项集的子集。如果一个候选 $k$-项集的（$k-1$）-项子集不在频繁（$k-1$）-项集的集合中，那么该 $k$-项集不可能是频繁的，从而在候选 $k$-项集的集合中删除该 $k$-项集。

表 6.7　候选 2-项集

| 项集 | 意义集 | 意义集位表示 | 意义集大小 |
|---|---|---|---|
| $[i_2, i_3]$ | {005,007,008,009} | 000010111 | 4 |
| $[i_2, i_4]$ | {001,004,008,009} | 100100011 | 4 |
| $[i_2, i_5]$ | {001,007,008} | 100000110 | 3 |
| $[i_3, i_4]$ | {003,006,008,009} | 001001011 | 4 |
| $[i_3, i_5]$ | {007,008} | 000000110 | 2 |
| $[i_4, i_5]$ | {001,008} | 100000010 | 2 |

因为支持度阈值为 2/9，表 6.7 的候选 2-项集也是频繁 2-项集。进一步通过连接和剪枝操作，可以得到表 6.8 的候选 3-项集。表 6.8 中的所有候选 3-项集均满足最小支持度，所以它们都是频繁 3-项集，而且表中任何两个频繁 3-项集不能互连，挖掘过程结束。如果设定置信度阈值 $\lambda_{confidence}=0.9$，通过计算置信度可以得到如下关联规则：

$$\{i_3, i_5\} \Rightarrow i_2$$
$$\{i_4, i_5\} \Rightarrow i_2$$

表 6.8　候选 3-项集

| 项集 | 意义集 | 意义集位表示 | 意义集大小 |
|---|---|---|---|
| $[i_2, i_3, i_4]$ | {008,009} | 000000011 | 2 |
| $[i_2, i_3, i_5]$ | {007,008} | 000000110 | 2 |
| $[i_2, i_4, i_5]$ | {001,008} | 100000010 | 2 |

以上演示了一个时间窗口内事务数据集的关联规则演算过程，对于流式大数据集，数据随着时间的推移不断变化。从时间窗口的视角来看，当时间窗口 $<\tau_b, \tau_e>$ 跳转到下一个时间窗口 $<\tau_b', \tau_e'>$ 时，数据的变化可分解为一部分新的数据进入当前时间窗口 $<\tau_b', \tau_e'>$，一部分旧的数据离开了这个时间窗口。例如，表 6.4 是时间窗口 $<\tau_b, \tau_e>$ 中的事务数据集#1，表 6.9 是 $<\tau_b, \tau_e>$ 的直接后继时间窗口 $<\tau_b', \tau_e'>$ 中的事务数据集#2。

表 6.9　事务数据集#2

| TID | $i_1$ | $i_2$ | $i_3$ | $i_4$ | $i_5$ |
|-----|-------|-------|-------|-------|-------|
| 001 | 0 | 1 | 0 | 1 | 1 |
| 002 | 1 | 0 | 0 | 1 | 0 |
| 003 | 0 | 0 | 1 | 1 | 0 |
| 004 | 1 | 1 | 0 | 1 | 0 |
| 005 | 0 | 1 | 1 | 0 | 0 |
| 006 | 0 | 0 | 1 | 1 | 0 |
| 007 | 0 | 1 | 1 | 0 | 0 |
| 008 | 0 | 1 | 1 | 1 | 1 |
| 009 | 0 | 1 | 1 | 1 | 0 |

在这个时间窗口内，一部分频繁项集将会变成非频繁项集，同时一部分潜在非频繁项集变成了频繁项集。更新的关联规则如下：

$$i_1 \Rightarrow i_4$$
$$i_5 \Rightarrow i_2$$
$$i_5 \Rightarrow i_4$$
$$\{i_2, i_5\} \Rightarrow i_4$$
$$\{i_4, i_5\} \Rightarrow i_2$$

上面从两次滑动窗口中得到的关联规则代表了流式大数据上蕴涵的知识。使用 EPMML 可以及时部署和维护流式大数据挖掘得到的知识，关于如何用 EPMML 表示它们请读者参考基于 EPMML 的知识表示相关内容。

在演示流式大数据上关联规则的产生过程及其概念迁移中，用到了关联规则挖掘必需的 Apriori 性质。从上面的演示实例可以很清晰地看出关联规则的产生过程，以及关联规则在流式大数据上的变化过程。在具体开发流式大数据挖掘的算法时，仅仅使用 Apriori 性质还不够，还需要考虑流式大数据大量、连续、无界的特征，以及系统资源有限的条件约束等[17, 19, 20]。

# 6.5　本 章 小 结

本章的主要工作包括：第一，提出一种流式大数据挖掘的形式化数据建模理论。一方面，它有助于理解和深入认识流式大数据挖掘的规则提取和知识发现的本质；另一方面，它有助于流式大数据挖掘算法和系统数据组件的进一步开发。

第二，在流式大数据挖掘的形式化数据模型基础上，分析如何应用 EPMML 来描述和建模流式大数据挖掘服务平台的数据组件，通过实例说明了数据建模理论的正确性和 EPMML 应用到建模数据组件的有效性。

　　本章应用 EPMML 描述流式大数据挖掘服务平台的数据管理组件，第 7 章将进一步讨论 EPMML 在流式大数据挖掘服务平台的算法管理组件中的应用。

# 第7章 基于EPMML的流式大数据挖掘服务平台的算法组件建模

工欲善其事，必先利其器。

——孔子《论语·卫灵公》

在流式大数据挖掘过程模型的流式大数据捕获、数据预处理，尤其是挖掘模式阶段，都有许多相应的算法。与传统静态数据相比，流式大数据的上下文因素对流式大数据挖掘的算法有更高的要求。不同的流式大数据领域、不同的数据预处理模型，都会要求不同的流式大数据挖掘算法，然而目前开发流式大数据挖掘的算法很多，但局限性很大、可利用率低，往往仅解决某些特定条件和特定领域的问题。如果能合理利用已开发的流式大数据挖掘算法，则能够避免在流式大数据挖掘算法上的重复开发和设计，节约大量人力和物力。由此，形成本章构建流式大数据挖掘服务平台算法库的思路。

本章首先从模型级提出一种面向流式大数据挖掘服务平台的算法管理框架，然后讨论EPMML如何应用到流式大数据挖掘服务平台的算法管理中。本章内容组织如下：7.1节提出面向流式大数据挖掘服务平台的算法管理框架；7.2节分析EPMML在算法管理中的应用，设计基于EPMML的算法服务描述和算法接口设计；7.3节通过一个具体实例说明AMF-DSMS的有效性；7.4节给出本章小结。

## 7.1 流式大数据挖掘服务平台算法管理框架

### 7.1.1 框架的设计原则

**定义 7.1** 框架（framework）是整个或部分系统的可重用设计，表现为一组抽象构件及构件实例间交互的方法。

良好的框架定义可以为软件开发和维护带来很多好处，主要体现在如下几方面：

（1）一个明确定义的框架显示了整个系统底层设计的蓝图。开发者有清晰的关于系统每一部分如何适应整个系统的理解，使得他们可以确信每一部分将集成于系统的其他部分，并使用框架指导他们的实现。

（2）产生一个明确的框架设计需要框架创建者考虑如何将其作为一个整体并相互作用，该过程通常能够揭示出一些未能充分考虑、模棱两可的需求，以及可能被忽略的关键设计要素。

（3）框架可以使系统设计者能够在开发周期的早些时候解决相似的问题，并估计全局属性以及系统功能，设计者可以通过这种有效方式尽快确定早期设计的领域系统是否符合需求。

（4）系统框架作为整体意识，指导维护人员在该系统、该方式下进行合适的扩充和修正，这有利于维护概念的完整性。

（5）一个明确而完整的系统框架的记录，可以在维护系统时节省理解系统的工作量，便于在软件的维护过程中保持系统的总体结构和特性不变。

流式大数据挖掘服务平台的算法管理框架设计基于如下原则：

（1）平台无关性。框架是对系统模型级的设计，独立于任何平台和开发技术，开发者可以用任意本体建模语言、知识描述语言和系统开发语言来实现该系统框架。在基于模型驱动架构的软件设计思想中，框架提供了模型驱动架构过程中的平台无关模型。

（2）模块间解耦。组成框架的各模块之间并不直接交互，模块间的通信由统一的管理模块负责。这种类似于插件机制的设计原则使得模块可以动态地加载和卸载，提高了框架的灵活性和可扩展性。

（3）模块外部行为的标准化。框架中模块的外部行为一旦确定就不应经常改变。通过为模块定义标准的外部行为接口，可以将模块的实现从整个框架中分离出来。同时可以用动态的执行语义来描述模块的行为，使得在作框架分析或优化时并不一定要真正地运行某个模块。

## 7.1.2　AMF-DSMS 的描述

自 Berners-Lee 于 1998 年提出语义 Web 的构想并于 2000 年正式提出语义 Web 的概念以来，语义 Web 已经吸引了越来越多研究者的注意。语义 Web 与 Web 服务的结合推动了 Web 服务领域向更高层次发展，掀起了一股新的研究热潮。Web 服务是一种基于组件的软件平台，是面向服务的 Internet 应用。通过对 Web 服务的构建，人们可以期望得到一个可编程的 Internet。这里有两层含义：首先，Web 服务应是应用于 Internet 的，要求提出的 Web 服务框架必须具有跨平台、跨语言的特性；其次，Web 服务所提供的服务不仅是服务于人，更需服务于其他应用系统，即能够被机器读懂，如其他应用程序及移动设备中的软件系统。在 W3C 发展语义 Web 的大环境下，越来越多学者认为下一代 Web 服务的核心内容是具备语义能力，然而国内外在这方面的研究刚刚起步。

目前，W3C 为 Web 服务的实现提供了一系列标准，包括简单对象访问协议（simple object access protocol，SOAP）[171]、Web 服务描述语言（web service description language，WSDL）[172]和通用描述发现与互操作（universal description discovery and interoperability，UDDI）[173]。

为了构建面向流式大数据挖掘服务平台的算法管理框架，将具有语义描述功能的 EPMML 与 Web 服务技术结合，提出一种面向语义 Web 服务技术的流式大数据挖掘服务平台的算法管理框架，如图 7.1 所示。

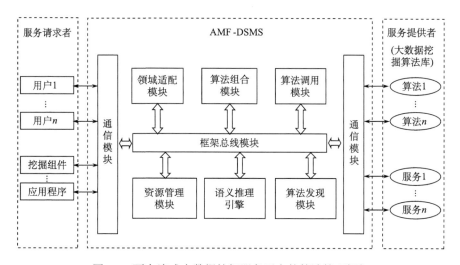

图 7.1　面向流式大数据挖掘服务平台的算法管理框架

图 7.1 中各个模块的功能如下：

（1）框架总线模块是 AMF-DSMS 的中枢，用来管理 AMF-DSMS 中的其他模块，主要负责对其他模块的调用和模块间通信。其他模块可以被动态地挂载到总线模块上，也可以从总线模块上卸载。

（2）资源管理模块是 AMF-DSMS 的存储器，用来实现 AMF-DSMS 中的信息存储，包括根据 AMF-DSMS 为算法服务建立的语义描述信息、事件和消息信息、用来进行实际算法服务调用的 WSDL 和 SOAP 信息。

（3）算法发现模块根据服务请求者提供的任务查找出满足要求的流式大数据挖掘算法服务。

（4）领域适配模块负责抽象的算法服务与具体的流式大数据领域之间的映射，从而使得算法服务可以重用于某个领域，解决流式大数据领域内的具体问题。

（5）算法调用模块根据 AMF-DSMS 中对服务编排（choreography）的描述来实现服务请求者与算法服务的交互。服务编排是对客户与算法服务之间交互方式的描述，主要关注算法服务的执行序列和逻辑。

（6）算法组合模块根据 AMF-DSMS 中对服务编制（orchestration）的描述来实现服务间为完成某个任务而进行的组合。服务编制是对服务间组合方式的描述，主要关注某个服务如何通过组合其他服务完成功能。

（7）AMF-DSMS 中所有的推理任务都由推理引擎来完成。AMF-DSMS 可以选择不同的建模语言来描述，不同的建模语言对应的推理引擎有所不同。选择 EPMML 来描述算法服务，对应的推理引擎可选择 Jena[174]或者 Racer[148]，前面介绍了如何调用 Racer 推理引擎进行基于 EPMML 的知识推理。

（8）通信模块负责 AMF-DSMS 与服务请求者和流式大数据挖掘算法库之间的通信，主要实现通信过程中消息的构造和解析。

在流式大数据挖掘服务平台的算法组件中，将流式大数据挖掘算法作为 Web 服务，并用语义描述功能的 EPMML 描述，可以实现算法的动态加入和扩展。通过服务注册，流式大数据挖掘服务平台的服务组件可以随时加入新的算法，通过服务查询，用户和应用程序可以根据需要进行算法的优化选择。

## 7.1.3　AMF-DSMS 的执行语义

AMF-DSMS 用来帮助服务请求者自动发现和调用流式大数据挖掘相关算法，图 7.2 用 UML 活动图给出了基于 AMF-DSMS 的流式大数据挖掘算法管理系统的内部执行语义。图 7.2 可知，首先 AMF-DSMS 接收服务请求者制定的任务，然后根据任务调用服务发现模块从算法库查找算法，若未发现合适的算法则返回失败错误，否则调用领域适配模块。领域适配模块将发现的算法映射到当前任务所在的领域，适配结果同样包含成功和失败两种情况。若适配成功，则通过服务调用和组合模块进行调用和组合，并将组合后的算法返回给服务请求者。

AMF-DSMS 具有高度自适应性。服务请求者可以是用户，也可以是需要调用流式大数据挖掘算法的应用程序。服务请求者首先创建流式大数据挖掘的任务，如创建流式大数据关联分析的任务。服务请求者向 AMF-DSMS 传递上下文参数，如流式大数据的速率、滑动窗口的大小、流式大数据挖掘的模型功能等。AMF-DSMS 的领域适配模块会解析上下文参数，得到相应的具体领域。服务发现模块收到上下文参数后，会启动服务发现程序，在流式大数据挖掘算法库中找到匹配的流式大数据挖掘算法服务，如流式大数据关联规则挖掘原子服务 Apriori_AssociationRuleMining，接着通过对服务的调用组合相应的关联规则挖掘模块，将该组合的模块作为服务返回请求者，然后服务请求者在本地用获取的算法或算法组合执行相应的流式大数据挖掘任务。

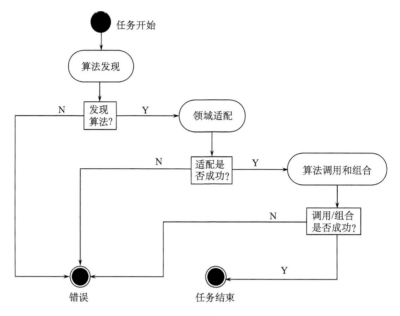

图 7.2　AMF-DSMS 的执行语义

# 7.2　基于 EPMML 的算法管理组件建模

## 7.2.1　基于 EPMML 的算法服务描述

目前的 Web 服务技术仅仅提供了语法层的描述，这使得在声明输入/输出语义或约束等内容时出现了困难。对 Web 服务进行语义标注可以消除这些局限，并能够实现 Web 服务的自动发现、调用、组合和执行。

在 AMF-DSMS 的算法库中，每一个流式大数据挖掘相关算法都是注册的一个服务，记为 Algorithm Service Class，如图 7.3 所示，参考 WSDL 对 Web 服务的描述，设计基于 EPMML 的算法服务描述的三个顶层类是 Algorithm Service Profile、Algorithm Service Process 和 Algorithm Service Grounding。简单地说，定义这三个顶层类的目的是让 Algorithm Service Profile 告诉用户或应用程序"算法做了什么"，让 Algorithm Service Process 告诉用户或应用程序"算法是怎样工作的"，让 Algorithm Service Grounding 告诉用户或应用程序"怎样访问一个算法的细节"。

Algorithm Service Profile 用来描述算法服务以使算法服务可以被发现。例如，Algorithm Service Profile 可以提供算法的设计者信息、该算法的功能、一组算法服务特征的属性。

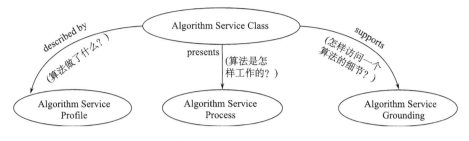

图 7.3　算法服务的顶层类

Algorithm Service Process 描述了一个算法或者多个算法服务的组合。因此，可以将 Algorithm Service Process 分为原子处理（atomic process）、简单处理（simple process）和组合处理（composite process）。原子处理是一个单一的、将一个算法作为黑盒的处理，原子算法服务可以直接被调用，对于原子处理，需要提供一个 Grounding 来构造访问的消息。简单处理不可以被调用，没有对应的 Grounding，它一般作为元素的抽象，可以提供对原子处理的组合视图，或者对组合处理的简化。组合处理能够被分解为原子处理的组合，或者组合处理的再组合，组合方式可以通过一些控制结构（如 Sequence、Unordered、Choice、if-then-else、Iterate、Repeat-until、Repeat-while、Split 和 Split+join）来实现，具体的组合方式可参阅 Web 服务相关文献[175]和文献[176]。Algorithm Service Process 的属性至少需要有 HasParameter、HasInput、HasOutput 等。例如，在做流式大数据关联规则挖掘时，需要提供支持度阈值和置信度阈值。

Algorithm Service Grounding 指定了如何访问流式大数据挖掘算法的细节，一个算法服务 Grounding 可以看作从算法服务的描述元素的抽象定义到具体实现的映射。

总的来说，Algorithm Service Profile 和 Algorithm Service Process 为算法服务提供了语义框架，可以实现算法服务的自动发现、调用和组合。Algorithm Service Grounding 在概念空间和物理数据空间之间建立起绑定关系，从而使服务的执行变得相对简单。通过一个简单的 Algorithm Service Grounding，将 Algorithm Service Process 映射为一个 WSDL 描述，将每个 Algorithm Service Process 映射为一个 WSDL 操作。

**例 7.1**　对原子流式大数据挖掘算法服务，用 EPMML 描述一个原子算法服务，服务名为 AtomicAlgorithm1：

```
xmlns=" http://www.nuaa.edu.cn/ex/AtomicAlgorithm1.epmml#"
xmlns:epmml=" http://www.nuaa.edu.cn/ex/epmml1.0.0/epmml#"
xmlns:rdfs="http://www.w3.org/2000/01/rdf-schema#"
```

```
xmlns:algorithm_service=" http://www.nuaa.edu.cn/ex/
  epmml1.0.0//Service.epmml#"
xmlns:algorithm_profile="http://www.nuaa.edu.cn/ex/
  epmml1.0.0/Profile.epmml#"
xmlns:algorithm_process=" http://www.nuaa.edu.cn/ex/
  epmml1.0.0/Process.epmml #"
xmlns:algorithm_grounding=" http://www.nuaa.edu.cn/ex/
  epmml1.0.0/Grounding.epmml #"
...
< algorithm_service:Service rdf:ID="AtomicAlgorithm1">
<rdfs:comment rdf:datatype="http://www.w3.org/2001/
 XMLSchema#string"
>流式大数据挖掘算法服务实例</rdfs:comment>
<algorithm_service:presents>
  <algorithm_profile:Profile rdf:ID="AtomicAlgorithm1Profile">
    <algorithm_service:presentedBy
      rdf:resource="#AtomicAlgorithm1"/>
  </algorithm_profile:Profile>
</algorithm_service:presents>
<algorithm_service:describedBy>
  <algorithm_process:AtomicProcess
   rdf:ID="AtomicAlgorithm1_Process">
   <algorithm_service:describes
     rdf:resource="#AtomicAlgorithm1"/>
  </algorithm_process:AtomicProcess>
</algorithm_service:describedBy>
<algorithm_service:supports>
  <algorithm_grounding:WsdlGrounding
   rdf:ID="AtomicAlgorithm1Grounding">
   <algorithm_service:supportedBy
     rdf:resource="#AtomicAlgorithm1"/>
  </algorithm_grounding:WsdlGrounding>
</algorithm_service:supports>
</algorithm_service:Service>
```

该元数据中给出了算法服务实例AtomicAlgorithm1 的Algorithm Service Profile
是AtomicAlgorithm1Profile，Algorithm Service Process是AtomicAlgorithm1_Process，
Algorithm Service Grounding是AtomicAlgorithm1Grounding。

## 7.2.2　基于 EPMML 的算法接口设计

在 AMF-DSMS 中，流式大数据挖掘算法库作为服务提供者，流式大数据挖
掘算法作为 Web 服务进行发布。为了实现流式大数据挖掘算法的自动发现、调用
和组合，需要规范流式大数据挖掘算法库的接口。可以定义 AMF-DSMS 的接口
语义如表 7.1 所示。

表 7.1　AMF-DSMS 的接口语义

| 接口功能 | 接口语义 |
|---|---|
| 获取算法服务 | Context GetWebService（DataStreamsMining task） |
| 算法服务发现 | WebService Discover（DataStreamsMining Request） |
| 算法服务调用 | Context InvokeWebService（Context context） |
| 领域适配 | Mapping DomainAdapt（WebService webService, Domain domain） |
| 注册服务编排 | void RegisterChoreography（WebService webService） |
| 注册服务编制 | void RegisterOrchestration（WebService webService） |
| 获取结果 | Context GetResult（WebService webService, Context context） |

（1）获取算法服务：Context GetWebService（DataStreamsMining task）。服
务请求者首先创建任务 task。AMF-DSMS 根据服务请求者提供的任务 task 查找到
合适的算法服务，并将其返回给请求者，接下来服务请求者可以直接调用获得的
服务而不需要 AMF-DSMS 的协助。

（2）算法服务发现：WebService Discover（Data StreamsMining Request）。
服务发现模块主要用来根据服务请求者的需求查找满足要求的算法服务，此方法
将根据任务来发现合适的算法服务。

（3）算法服务调用：Context InvokeWebService（Context context）。服务请
求者利用此方法来调用已获得的算法服务。

（4）领域适配：Mapping DomainAdapt（WebService webService, Domain
domain）。领域适配模块主要用来实现抽象的 Web 服务与具体的领域之间的映射，
此方法将为算法服务和领域知识创建映射关系。

（5）注册服务编排：void RegisterChoreography（WebService webService）。
算法服务调用和组合模块主要用来根据算法服务的执行序列和逻辑与服务进行交

互，并且在需要的时候进行服务的组合，当满足某个任务的算法服务被发现时，为此服务注册一个 Choreography 实例。

（6）注册服务编制：void RegisterOrchestration（WebService webService）。当满足某个任务的算法服务被发现时，此方法为此服务注册一个 Orchestration 实例。

（7）获取结果：Context GetResult（WebService webService, Context context）。此方法将根据提供的算法服务、服务与领域间的映射和服务请求者提供的参数来获得算法服务执行的结果。

图 7.4 是一个按顺序流程设计的流式大数据关联规则挖掘服务流程，Start 表示流程的开始，Finish 表示流程的结束，并且流程拥有输入和输出，Apriori_AssociationRuleMining_Process 表示算法服务 Apriori_AssociationRuleMining 的服务处理（process），图中 P 表示流程将有结果产生，图中方框表格是参数的传递流程。该算法流程的输入是用户提供的支持度阈值 Support_Threshold 和置信度阈值 Confidence_Threshold，输出是将关联规则挖掘产生的结果进行输出。

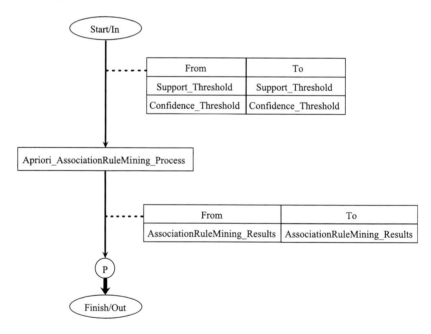

图 7.4  关联规则挖掘原子服务流程

**例 7.2**  用EPMML描述输入接口如下：

```
<algorithm_process:hasInput>
```

```
<algorithm_process:Input rdf:ID="Support_Threshold">
  <algorithm_process:parameterType
  rdf:datatype="http://www.w3.org/2001/XMLSchema#anyURI"
  >http://www.w3.org/2001/XMLSchema#float</algorithm_process:pa
  rameterType>
  <rdfs:comment rdf:datatype="http://www.w3.org/2001/
  XMLSchema#string"
 >支持度阈值</rdfs:comment>
 </algorithm_process:Input>
</algorithm_process:hasInput>
<algorithm_process:hasInput>
  <algorithm_process:Input rdf:ID="Confidence_Threshold">
  <algorithm_process:parameterType
  rdf:datatype="http://www.w3.org/2001/XMLSchema#anyURI"
  >http://www.w3.org/2001/XMLSchema#float</algorithm_process:pa
  rameterType>
  <rdfs:comment rdf:datatype="http://www.w3.org/2001/
  XMLSchema#string"
 >置信度阈值</rdfs:comment>
 </algorithm_process:Input>
</algorithm_process:hasInput>
```

用唯一的名字表示流式大数据挖掘的算法模型。每个算法模型提供详细的输入接口、输出接口的 EPMML 描述，以便于 AMF-DSMS 进行算法的自动发现、匹配、调用和组合。

## 7.3　实例演示与分析

7.1 节不仅给出了面向流式大数据挖掘的过程模型算法管理框架，而且给出了该框架的模块功能、接口语义和实现方案。本节通过流式大数据算法的对比实例说明应用 AMF-DSMS 在实现流式大数据挖掘过程模型时算法优化选择的效率。

### 7.3.1　算法选择的必要性

在传统的流式大数据挖掘研究中，许多算法基于不变的滑动窗口机制[18-20]，在时空复杂度等性能方面取得了较大成果，但这些技术大都忽略了具体问题中流式大数据的时变特性，当数据分布特征变化时，很难实现模型的自适应调整。因此很多流式大数据挖掘算法在模拟仿真实验下具有较好的效率，然而，在真实流式大数据上的效率却不尽如人意[19, 35]。真实流式大数据与模拟流式大数据的显著不同是真实流式大数据"时变特性"。真实流式大数据的"时变特性"体现在流式大数据到达的速率不是固定不变的，相同历史时间段内的元组数目不一定相同，甚至数目相差巨大。例如，天体物理学探测太空中的高能粒子与天体运动的规律，需要在特定区间内维护一个滑动窗口计算这些事件的数量，却很难预测区间的大小，高能粒子的爆发可能持续几毫秒，也可能是几小时或者几天。

　　文献[19]是在假定滑动窗口不变的情况下进行的流式大数据频繁集挖掘算法，记为 Manku 算法，该算法对匀速的流式大数据具有较好的性能。文献[56]提出了一种基于变尺度滑动窗口机制的频繁集挖掘算法 V-Stream，该算法根据数据本身的变化在多个尺度时间窗口上进行自适应调整，采用近似算法一次扫描数据快速得到频繁项集，V-Stream 算法在流速具有明显起伏变化的流式大数据场景中具有比 Manku 算法明显的挖掘效率优势。

　　这里对 V-Stream 算法进行简单介绍，算法的思想和算法使用的事务链表组数据结构可参考文献[56]。在一般的变尺度滑动时间窗口下，流式大数据频繁项集挖掘可以形式化描述如下：令流式大数据 $DS = B_{a_i}^{b_i}, B_{a_{i+1}}^{b_{i+1}}, \cdots, B_{a_n}^{b_n}$ 为由无限个事务块构成的序列，其中每个元组块关联一个时间窗口 $[a_k, b_k]$，令 $B_{a_n}^{b_n}$ 为最近的事务块。每个事务块 $B_{a_k}^{b_k}$ 是由一组事务构成的集合，$B_{a_k}^{b_k} = [T_1, T_2, \cdots, T_m]$，假设每个块的事务数不一定相等。因此，流式大数据在时间域 $[a_i, b_n]$ 上的长度为

$$\text{length(DS)} = \left| B_{a_i}^{b_i} \right| + \left| B_{a_{i+1}}^{b_{i+1}} \right| + \cdots + \left| B_{a_n}^{b_n} \right|$$

式中，$\left| B_{a_k}^{b_k} \right|$ 表示集合 $B_{a_k}^{b_k}$ 的基数。给定最小支持度 $s$，一个项集 $X$ 在时间域 $[a_i, b_i]$ 上是频繁项集，当且仅当

$$\sum_{t=a_i}^{b_i} \text{support}(X) \geqslant s \times \left| B_{a_i}^{b_i} \right|$$

所以给定一个最小支持度，流式大数据上频繁项集挖掘问题规约到使用尽可能少的时间和空间消耗来发现一定时间域上所有的频繁项集。图 7.5 所示为变尺度滑动窗口下的事务数据块，每个数据块的事务数量不等。变尺度滑动窗口的窗口尺寸根据流式大数据的流速变化来确定。当流速很快时，及时缩小滑动窗口的长度，而当流速很慢时，实时地增大滑动窗口的长度。

　　流式大数据的流速是否匀速取决于具体场景条件，如果将这两个算法部署成Web 服务，则一方面避免了算法的重复开发，另一方面根据不同的场景条件，选

择不同的算法服务，将显著提高流式大数据挖掘的效率。

关于 Manku 算法和 V-Stream 算法，可以得到如下算法选择策略：如果算法库中已有 Manku 算法和 V-Stream 算法这两个算法服务，那么当流式大数据上下文参数是"流式大数据流速匀速"时，选择 Manku 算法服务的挖掘效率将优于 V-Stream 算法服务，当流式大数据上下文参数是"流式大数据流速非匀速"时，选择 V-Stream 算法的效率将优于 Manku 算法服务。

| | | |
|---|---|---|
| $B_0^1$ | $T_1$ | acd |
| | $T_2$ | bcd |
| $B_1^2$ | $T_3$ | bd |
| $B_2^3$ | $T_4$ | acde |
| | $T_5$ | de |

图 7.5　变尺度时间窗口的事务数据块

## 7.3.2　算法选择与优化

以 7.3.1 节中的例子为例，下面进一步研究怎样应用 EPMML 描述算法策略，进行算法的选择与优化。

表 7.2 给出了流式大数据频繁集挖掘算法性能对比。将表 7.2 形成的算法选择策略部署到 AMF-DSMS 算法组件的领域适配模块，可创建如图 7.6 所示的组合服务流程。

表 7.2　流式大数据频繁集挖掘算法性能对比表

| 流式大数据流速是否匀速？ | 频繁集挖掘算法性能 |
|---|---|
| True | Manku 算法优于 V-Stream 算法 |
| False | V-Stream 算法优于 Manku 算法 |

将该组合算法服务命名为FrequentItemsetMining_Service，图中箭头表示服务流程，虚线和方框表格是参数的传递流程。Start表示流程的开始，Finish表示流程的结束，P表示流程将有结果产生，并且流程拥有输入和输出。GetStreamCondition_Process是获取流式大数据上下文参数的原子服务GetStreamCondition_Service的原子处理，它的输入和输出由用户设计，例如，设计该原子服务的输出是流式大数据的流速是否匀速，值类型是布尔型。VStream_Algorithm_Process和Manku_Algorithm_Process是两个执行流式大数据频繁集挖掘的原子Algorithm Service Process，它们的输入参数是支持度阈值Support_Threshold，值类型是0~1的实型值，

输出参数是频繁集的集合，值类型是字符串列表。Judge_SpeedIsEqual是流程中的条件判断式，用于判断原子服务GetStreamCondition_Service的结果真值，输入是用户提供的Support_Threshold，输出是将频繁集挖掘的结果进行输出。

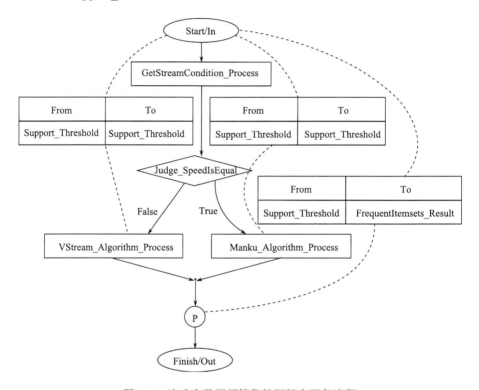

图 7.6　流式大数据频繁集挖掘组合服务流程

图 7.6 的部分语义用 EPMML 表示如下：

```
<algorithm_process:CompositeProcess
 rdf:ID="FrequentItemsetsMining_Process">
 <algorithm_service:describes
  rdf:resource="#FrequentItemsetsMining_Service"/>
 <algorithm_process:hasInput rdf:resource="#Support_Threshold"/>
 <algorithm_process:hasOutput
  rdf:resource="#FrequentItemsets_Results"/>
 <algorithm_process:composedOf>
   <algorithm_process:Sequence rdf:ID="Sequence_1">
     <algorithm_process:components>
```

```
<algorithm_process:ControlConstructList
  rdf:ID="ControlConstructList_1">
  <algorithm_list:first>
    <algorithm_process:Perform
      rdf:ID="Perform_StreamCondition">
      <algorithm_process:process>
        <algorithm_process:AtomicProcess
          rdf:ID="GetStreamCondition_Process">
          ...
        </algorithm_process:AtomicProcess>
      </algorithm_process:process>
    </algorithm_process:Perform>
  </algorithm_list:first>
  <algorithm_list:rest>
    <algorithm_process:ControlConstructList
      rdf:ID="ControlConstructList_2">
      <algorithm_list:first>
        <algorithm_process:If-Then-Else
          rdf:ID="If-Then-Else_1">
          ...
        </algorithm_process:If-Then-Else>
      </algorithm_list:first>
      <algorithm_list:rest>
        ...
      </algorithm_list:rest>
    </algorithm_process:ControlConstructList>
  </algorithm_list:rest>
</algorithm_process:ControlConstructList>
            </algorithm_process:components>
          </algorithm_process:Sequence>
        </algorithm_process:composedOf>
      </algorithm_process:CompositeProcess>
```

　　在 AMF-DSMS 中，流式大数据的流速、滑动窗口的大小是流式大数据的上下文参数。由数据组件向流式大数据挖掘组件提供，当发送流式大数据频繁集挖掘任务时，这些命令和上下文参数一起发送到算法管理组件中，然后由领域适配模块解析流式大数据的上下文参数，再由服务发现模块从算法库中自动寻找最适合的流式大数据频繁集挖掘算法，由服务调用组合模块组合相关算法，执行频繁集挖掘任务。

基于 AMF-DSMS 的流式大数据挖掘服务平台算法管理组件的好处体现在将流式大数据挖掘过程模型中的相关算法预先以 Web 服务的方式部署到系统中，提供相应的 EPMML 接口，当用户和应用程序（如数据挖掘组件）发送请求算法时，算法管理组件返回与用户上下文参数匹配的最优算法，用户或者应用程序获取算法后立即执行相应的挖掘任务。

# 7.4　本　章　小　结

流式大数据挖掘的过程中存在众多算法，流式大数据的流速、滑动窗口的大小等上下文因素对算法的性能都会产生很大影响。面对流式大数据的不同上下文参数，采用适合并且优化的流式大数据挖掘算法将获得更好的挖掘效率。为此，本章针对如何提高流式大数据挖掘算法的可利用性，减少开发流式大数据挖掘算法的重复劳动和实验，提出了面向流式大数据挖掘的算法管理理念。

本章的主要工作包括：第一，提出了面向流式大数据挖掘的算法管理框架 AMF-DSMS，其使用 Web 服务技术，将众多流式大数据挖掘过程中使用的算法作为服务，并构建流式大数据挖掘算法库，当用户或应用程序进行相应的算法请求时，AMF-DSMS 将返回用户最合适的算法给用户或应用程序，用户或应用程序接收算法在本地即可执行相应的挖掘任务，所以 AMF-DSMS 能够提高流式大数据挖掘算法的利用率，根据流式大数据挖掘环境上下文能够选择最合适的算法，提高挖掘任务的效率；第二，阐述了 EPMML 如何应用于流式大数据挖掘服务平台的算法管理组件，分析了如何应用 EPMML 描述算法服务，给出了基于 EPMML 的算法服务描述和算法接口设计，并通过一个具体的实例说明 AMF-DSMS 的有效性。

# 第 8 章　流式大数据挖掘服务平台框架的设计

磨刀不误砍柴工。

——冯德英《山菊花》

构建快速、高效和智能的流式大数据挖掘服务平台，实现流式大数据挖掘算法的动态灵活扩展、流式大数据资源的透明集成、挖掘结果模式的迭代精化，是当前流式大数据挖掘研究的迫切要求和焦点问题。本书第 5~7 章从理论和实验上详细分析了 EPMML 在流式大数据挖掘服务平台的知识表示和推理、流式大数据挖掘服务平台的数据管理、流式大数据挖掘服务平台的算法管理中的应用，本章将综合前面的讨论，给出流式大数据挖掘服务平台框架的设计与实现。

本章的内容组织结构如下：8.1 节设计流式大数据挖掘服务平台框架，分析整体框架中各个组件的功能和作用；8.2 节分析了 DSMSF 对流式大数据的适应性；8.3 节使用 UML 活动图进一步给出 DSMSF 的行为设计；8.4 节设计了流式大数据挖掘服务平台的建模层次结构；8.5 节归纳和综合分析了 EPMML 在流式大数据挖掘服务平台中的作用；8.6 节是本章小结。

## 8.1　系统框架的整体设计

1975 年，Brooks 在他开创性的软件工程著作《人月神话》①中提出"开始越早，耗时越长"，目的是强调软件工程中的磨刀不误砍柴工。这本书畅销至今，里面的很多观点经久不衰。如果在需求分析上偷工减料，那么会浪费很多时间去设计客户不想要的东西；如果在设计上压缩时间，那么会编写很多无助于解决客户问题的代码。

Brooks 警示了设计的重要性。1997 年，OMG 发布了统一建模语言，它是推动软件产业界开展建模设计运动的重要里程碑[177]，OMG 提出 MDA 是在 UML 之后自然迈出的下一步[102]。MDA 是一个由 OMG 定义的软件开发框架[178]。MDA 的关键是，模型在软件开发过程中扮演非常重要的角色，软件开发过程是由对软

---

① 原书名为 *The Mythical Man Month*。

件系统的建模行为驱动的。MDA 强调建立设计的重要性，而且这种设计是存储在标准仓库中能使机器可读的模型。MDA 可以被自动化工具识别并用来自动生成模式、代码框架、整合代码、测试框架以及部署脚本等，能够支持多种平台，投入 MDA 模型的设计可以被多次复用来生成各种组件。为方便读者理解，这里简单介绍 MDA 的两个基本要素模型。

平台无关模型（platform independent model, PIM）提供了关于软件系统的结构和功能的形式化描述，不涉及与具体平台相关的技术细节。PIM 是 MDA 定义的具有高抽象层次、独立于任何实现技术的模型，是 MDA 下的顶层模型。举例来说，考虑开发一个购物市场的关联规则挖掘系统，需要描述该系统怎样收集购物市场销售数据，怎样进行预处理以更好地支撑关联规则挖掘，至于该系统是用关系数据库实现还是用 EJB 应用服务器实现，不是 PIM 关心的内容。跨行业过程模型标准流程（CRISP-DM）可以作为开发数据挖掘系统的参考标准[179]，并开发特定数据挖掘系统的 PIM。

平台相关模型（platform specific models, PSM）是 PIM 在具体的平台上的系统实现，它指定了 PIM 中规定的功能如何在一个特定的技术平台上实现，它是为某种特定实现技术量身定做的模型。例如，在 EJB 平台上 UML Profile for EJB 是 UML 在 EJB 平台上的扩充①，它包含 EJB 特有的术语，如 home interface、entity bean、session bean 等。关系数据库 PSM 包含特有的术语，如 table、column、foreign key 等。PIM 可以通过一些变换规则得到一个或者多个 PSM，即同一个 PIM 可以为每个特定的技术平台生成一个单独的 PSM。

读者可以参考有关 MDA 的文献更深入地认识 PIM 和 PSM。本章设计 DSMSF，为在 MDA 下设计高度抽象的 PIM 和进一步设计 PSM 提供参考框架。

框架是整个或部分系统的可重用设计，它表现为一组抽象构件及构件实例间交互的方法。图 8.1 设计了 DSMSF，图中箭头表示组件之间的流式大数据方向，圆角矩形框表示组件和组件内的模块。

从组件的角度，将整个流式大数据挖掘服务平台的体系结构分为三个组件：数据服务组件、算法服务组件和流式大数据挖掘组件。各个组件的构成如下：

（1）数据服务组件。数据服务组件通过 ETL 过程和语义集成过程负责将流式大数据资源转化为高层应用可访问的数据服务，它由流式大数据层、流式大数据 ETL 层和数据语义服务层组成。流式大数据层是流式大数据提供者提供的需要

---

① UML 是一种可扩展语言，UML 2.0 基础结构提供了两种扩展机制：一阶扩展机制和 UML Profile。一阶扩展机制通过重用基础类包，增加新的元类和元关系，定义全新的建模语言。UML Profile 也称为 UML 特征文件或 UML 特定概要包，是对 UML 元模型进行扩展，以适应特定平台的建模。

进行挖掘的各种形式的流式大数据。

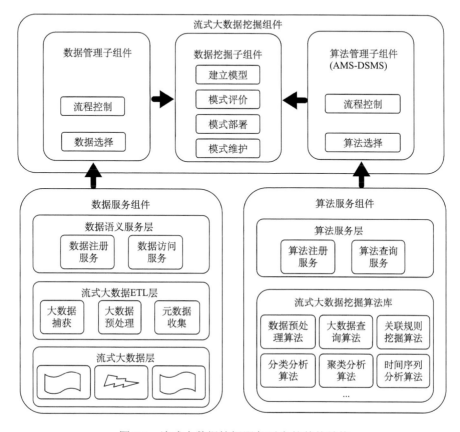

图 8.1 流式大数据挖掘服务平台的整体结构

流式大数据 ETL 层提供对流式大数据资源的捕获、流式大数据预处理和流式大数据的元数据收集功能。在 1.2.1 节中设计的流式大数据挖掘过程模型中已对流式大数据捕获和流式大数据预处理作了详细介绍。流式大数据的元数据收集的任务是负责收集当前待处理的流式大数据资源相关参数,如流式大数据的场景条件、流速、分布特征,将这些参数用 EPMML 描述,以供上层的数据语义服务层来完成数据注册服务。

数据注册服务层包括数据注册服务和数据访问服务。数据注册服务负责将流式大数据资源注册成为可访问的数据资源服务,供流式大数据挖掘组件使用。数据查询服务提供对当前待处理的流式大数据资源的数据访问。

(2)算法服务组件。算法服务组件的任务是将流式大数据挖掘过程中的各种流式大数据挖掘算法做成可访问的算法服务,它由流式大数据挖掘算法库和算法服务层组成。流式大数据挖掘算法库包括由算法提供者提供的各种类型的流式大数据挖掘算法，如数据预处理算法、大数据查询算法、关联规则挖掘算法、分类分析算法、聚类分析算法和时间序列分析算法等。算法服务层包括算法注册服务和算法查询服务。算法注册服务负责将流式大数据挖掘算法注册成为可访问的算法服务，供流式大数据挖掘组件使用。算法查询服务提供对当前算法库的算法查询。

（3）流式大数据挖掘组件。流式大数据挖掘组件负责根据用户的挖掘任务获取流式大数据资源，并自动发现、调用和组合算法服务，然后进行数据挖掘，将挖掘的结果模式用 EPMML 描述，并反馈给用户或者应用程序。流式大数据挖掘组件包括数据管理子组件、数据挖掘子组件和算法管理子组件，如图 8.1 所示。

数据管理子组件是数据服务组件和数据挖掘子组件之间的桥接，包括流程控制和数据选择两个模块。数据选择模块负责获取数据服务组件中已注册的流式大数据服务资源列表，供数据挖掘子组件选择；流程控制模块负责对流式大数据资源的输入流程进行配置和控制。

算法管理子组件是算法服务组件和数据挖掘子组件之间的桥接，包括流程控制与算法选择两个模块。算法选择模块负责获取算法服务组件中已注册的算法服务资源列表，供挖掘子组件选择；流程控制模块负责对算法服务资源的流程进行配置和控制。7.1 节提出的 AMS-DSMS 为算法管理子组件的设计提供了思路。

数据挖掘子组件是流式大数据挖掘组件的核心组件，包括建立模型、模式部署、模式评价和模式维护四个模块。流式大数据挖掘子组件解析用户提供的流式大数据挖掘任务目标，分别与数据管理子组件和算法管理子组件进行交互，获取待处理的流式大数据资源服务流程和执行挖掘任务的算法服务流程。然后经过挖掘模式过程得到 EPMML 表示的模式，并用于模式部署、模式评价以及模式维护模块。

图 8.2 使用部署图描述了 DSMSF，图中用挖掘服务节点、数据服务节点和算法服务节点来部署流式大数据挖掘服务平台的组件。其中，由挖掘服务节点部署数据管理子组件、挖掘子组件、算法管理子组件和界面模块，由数据服务节点部署数据服务组件，由算法服务节点部署算法服务组件。图中虚线箭头表示组件之间的依赖关系。例如，图中数据管理子组件依赖于数据服务组件为其提供流式大数据资源。系统提供了获取流式大数据、提供算法服务和挖掘用户界面三个对外接口，分别用于与流式大数据资源提供者、算法服务提供者和挖掘用户进行交互。

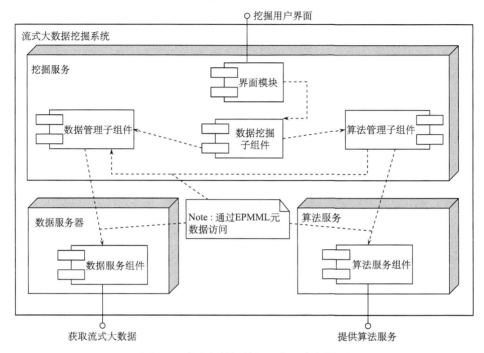

图 8.2　流式大数据挖掘服务平台部署图

## 8.2　系统框架对流式大数据的适应性

与传统静态数据相比，流式大数据的显著特征是连续性、无界性、快速性和实时性。与静态数据挖掘系统相比，流式大数据挖掘服务平台的设计需要更多地考虑流式大数据的特征。下面分析 DSMSF 对流式大数据的适应性。

（1）在线实时挖掘。本章设计的 DSMSF 的整体结构是一种面向服务的体系结构，它能够很好地满足在线流式大数据挖掘对速度的要求。DSMSF 的数据服务组件提供当前流式大数据资源的上下文参数，算法管理子组件根据这些参数向算法服务组件获取最优的算法组合，一旦确定最优算法组合后，使用该算法组合在挖掘子组件内实时地、持续不断地执行当前的流式大数据挖掘任务，直到任务结束。当然，流式大数据挖掘服务平台挖掘流式大数据的性能取决于获取的最优算法组合的性能。

（2）针对连续无界数据的处理。流式大数据是连续的并且是潜在无边界的。在数据服务组件中，流式大数据 ETL 层包含流式大数据预处理模块，如图 8.1 所示。数据管理子组件是数据服务组件和数据挖掘子组件之间的桥接。当确立数据预处理模型之后，数据管理子组件从流式大数据层持续不断地选择数据，并将流式大数据送入数据挖掘子组件进行挖掘。第 6 章详细介绍了基于滑动时间窗口的流式大数据建模理论，读者可根据该理论来进行连续无界数据预处理模块的开发。

（3）针对流式大数据环境的自适应。在数据服务组件中，数据注册服务模块注册了当前流式大数据资源的元数据。这个模块的优点在于，当流式大数据场景变化时，ETL 层的元数据收集模块在第一时间得到当前处理的流式大数据的环境参数，数据注册服务模块自适应地为当前流式大数据资源完成数据注册服务。前面阐述了如何应用 EPMML 来建模流式大数据挖掘的数据组件和描述流式大数据的环境参数。

（4）流式大数据挖掘算法的选择和优化。与静态数据挖掘算法不同，流式大数据挖掘算法的性能受流式大数据环境的影响很大。一个流式大数据挖掘算法往往在一类流式大数据上具有较好的性能，但在另一类流式大数据上效率很低。DSMSF 的算法服务组件将算法做成可访问的服务，并建立流式大数据挖掘算法库。在执行流式大数据挖掘任务时，算法管理子组件根据数据服务组件对当前流式大数据所收集的环境参数元数据，获取最优的流式大数据挖掘算法组合，以最优的性能来执行流式大数据挖掘任务。

## 8.3　系统框架的行为设计

本节进一步给出 DSMSF 的行为设计。目前存在多种对系统行为进行建模的方法，如 UML 图、Petri 网、进程代数等，它们在形式化程度、表达能力、工具支持方面都存在差异。鉴于 UML 使用简单易懂的图形标记并且具有相对明确的语义，本节采用 UML 活动图来建模组件和模块的行为。流式大数据挖掘服务平台框架的行为语义如图 8.3 所示。

图中圆角矩形表示活动状态，箭头表示活动之间的转移，起点用实心圆表示，终点和活动结束用公牛眼的图标表示。为了清晰地表示出系统三个组件的角色的功能，在图中设计了三个组件角色的泳道。

在流式大数据挖掘服务平台中，首先由用户创建挖掘任务（如流式大数据的关联分析、分类分析或聚类分析等任务），然后通过数据服务组件提取流式大数据资源环境参数，如果获取成功，则进入下一个"获取算法服务"活动状态，否则任务结束。若进入获取算法服务活动状态，则判断获取算法服务成功与否，若获取成功，则进入"执行挖掘任务"活动状态，该活动是挖掘流式大数据并得出挖掘结果模式的阶段，该活动与"获取流式大数据"不断交互，持续不断地获取流式大数据并进行挖掘，得到结果模式。挖掘结果模式用 EPMML 表示并部署，以供后续模式评价和模式维护工作，最后完成挖掘任务并结束。

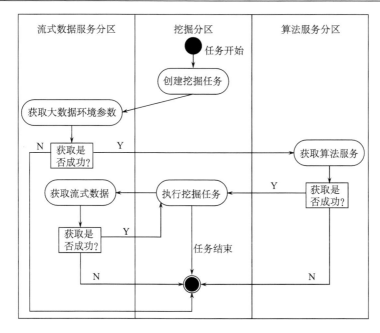

图 8.3　流式大数据挖掘服务平台框架的行为语义

## 8.4　流式大数据挖掘服务平台的建模层次结构

第 5 章分析了流式大数据挖掘服务平台元数据体系结构，并对基于 EPMML 的流式大数据挖掘服务平台元数据进行了分析和验证。参考 OMG 的元数据体系结构，在基于 MDA 的软件设计理念下，设计了流式大数据挖掘服务平台的建模层次结构，如图 8.4 所示，图中虚线箭头表示下层与上层之间的 instance of 关系。

（1）M0 层：流式大数据挖掘服务平台。流式大数据挖掘服务平台位于 M0 层，是流式大数据挖掘服务平台四层架构视图的底层，是实例所存在的层次。这些实例可以以多种形式存在，如用于挖掘的流式大数据，截获并存储在存储器上等待分析的数据，系统中正在运行的活动对象，或者是挖掘得到的结果模式，如频繁模式或者关联规则。例如，图 8.4 中 M0 层左边的 Transaction Data Sets 实例是截获的购物篮事务数据集的数据，右边的 Association Rules 是挖掘得到的关联规则。

（2）M1 层：流式大数据挖掘服务平台的模型。M1 层包含模型，如构建流式大数据挖掘服务平台的 UML 模型，在 M1 层的模型中定义了类与类的属性，如描述事务数据集的各个属性的属性名和类型。M1 层规定了流式大数据挖掘服务平台是什么样子。用于描述流式大数据挖掘模式内容的 EPMML 元数据位于

M1 层，它是描述具体数据的数据，称为基于 EPMML 的流式大数据挖掘元数据，也是流式大数据挖掘服务平台的模型层。M0 层和 M1 层之间有确定的关系，M1 层是 M0 层的元层。M0 层的元素都是 M1 层元素的实例，M1 层的概念都是 M0 层实例的归类。

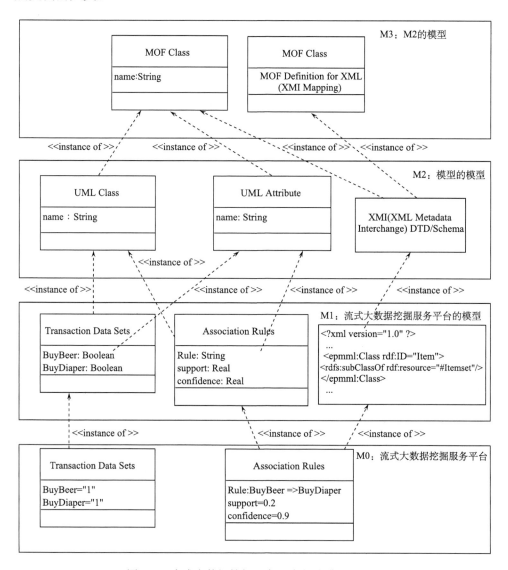

图 8.4  流式大数据挖掘服务平台的建模层次结构

（3）M2 层：模型的模型。位于 M2 层的模型称为元模型。在构建流式大数据挖掘服务平台时，对 UML 来说，描述 UML 模型的模型位于 M2 层，如公共仓库元模型。对 EPMML 来说，描述 EPMML 模型的 XML 元数据交换位于 M2 层，即 EPMML 本身的设计位于 M2 层。XMI 通过 XML 完成了模型、元模型、元数据的无缝集成。流式大数据挖掘服务平台 UML 模型是 UML 元模型的实例，UML 元模型是流式大数据挖掘服务平台 UML 模型的归类。M1 层和 M2 层用到的概念是相同的，即使用类、关联、继承等。

（4）M3 层：M2 的模型。M3 层定义了思考 M2 层概念所需要的概念。M2 层的每个元素都是 M3 层元素的实例，M3 层的每个元素都是 M2 层元素的归类。参照 OMG 的设计，元对象设施 MOF 是标准的 M3 语言，用于构建流式大数据挖掘服务平台的建模语言 UML、CWM 以及 XMI 都是 MOF 的实例[109, 180]。

理论上，可以增加 M3 层上的更高一层 M4 层，用 M4 层来定义 M3 层的建模元素。但是 OMG 没有定义 M4 层，而是规定所有 M3 层的元素必须定义为 M3 层本身的概念的实例。事实上，只要每个元素都有一个归类的元-元素，可以通过元-元素访问元数据，就可以创建任何模型，描述任何系统。

## 8.5　系统中的 EPMML 元数据

本节综合分析基于 EPMML 的流式大数据挖掘服务平台建模的作用。图 8.5 描述了 EPMML 元数据在流式大数据挖掘服务平台的作用，图中箭头表示系统中的 EPMML 元流式大数据方向。关于 EPMML 如何进行知识表示和推理以及如何应用到系统的数据管理组件和算法管理组件中，可以参考前面的相关章节。

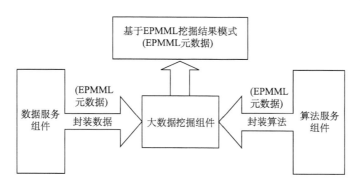

图 8.5　流式大数据挖掘服务平台的 EPMML 元数据

（1）挖掘结果模式的表示与推理。由流式大数据挖掘组件产生的结果模式通过 EPMML 进行描述和及时部署，以方便用户获取以及与其他应用程序共享、交换和集成。EPMML 描述的结果模式不仅支持结构化的知识表示，而且支持模式的推理，这样便于发现模式的内部语义不一致性问题以及进行模式的迭代更新和维护。

（2）封装数据服务组件中的流式大数据资源，实现流式大数据资源的透明集成。流式大数据挖掘服务平台中数据服务组件的元数据收集模块收集当前待处理的流式大数据资源上下文参数，将这些参数用 EPMML 进行描述形成 EPMML 元数据，以供上层的数据语义服务层来完成数据注册服务，以及数据管理子组件对流式大数据资源的持续快速访问。

（3）封装算法服务组件中的算法资源，实现算法资源的动态扩展。流式大数据挖掘服务平台中的算法服务组件将算法提供者提供的各种流式大数据挖掘算法封装为 EPMML 描述的算法服务，对外提供算法访问接口。当用户有挖掘任务时，将访问服务的命令和流式大数据资源上下文参数一起发送到算法管理组件中，然后由领域适配模块解析流式大数据的上下文参数，再由服务发现模块自动寻找最适合的流式大数据挖掘算法或算法组合，由服务调用组合模块组合相关算法，执行流式大数据挖掘任务。

此外，EPMML 在系统之间起着元数据交换的作用。OMG 通过制定 UML、MOF、XML 元数据交换和 CWM 等标准来实现 MDA 的蓝图，OMG 使用 XML 作为 CWM 元数据生成交换格式的规范。

EPMML 是基于 XML 的数据挖掘内容描述语言，所以本质上说，EPMML 是一种 XML。图 8.6 描述了 EPMML 作为流式大数据挖掘服务平台间的元数据交换语言连接两个流式大数据挖掘服务平台。图中流式大数据挖掘服务平台由流式大数据服务层、算法服务层、挖掘层和用户界面层四个层次组成，EPMML API 函数提供了立刻访问 EPMML 元数据的方法，EPMML 解释器提供了对 EPMML 元数据的解释，EPMML 推理器提供了对 EPMML 元数据的知识推理。流式大数据挖掘服务平台之间的元数据交换采用 EPMML 作为交换规范。

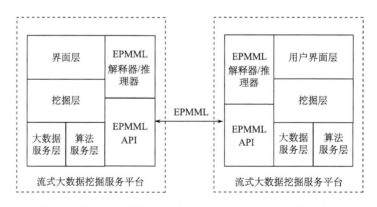

图 8.6　流式大数据挖掘服务平台间的 EPMML 元数据交换

# 8.6　本　章　小　结

　　本章的主要工作是：首先，根据前面提出的 EPMML 在知识表示和知识推理、数据管理以及算法管理中的应用，提出 DSMSF 的整体框架设计，分析各个组件和模块的功能，给出 DSMSF 的 UML 部署图，分析框架对流式大数据特征的适应性；接着，给出系统框架的行为设计，使用 UML 活动图对框架的行为语义进行描述；然后，在 OMG 的元数据体系结构指导下，设计流式大数据挖掘服务平台的建模层次结构，分析各个层次的内容和相互之间的关系；最后，综合分析 EPMML 在流式大数据挖掘服务平台中的作用。

# 第9章 结 束 语

知之为知之，不知为不知，是知也。

——孔子《论语·为政》

## 9.1 本书的主要贡献

流式大数据挖掘因其应用广泛成为数据挖掘领域的一个研究热点，但目前流式大数据挖掘的现状是算法众多，利用率不高，缺乏有效的流式大数据挖掘服务平台合理利用这些算法。如何构建快速、高效、智能的流式大数据挖掘服务平台已成为当前流式大数据挖掘研究的焦点问题。面向流式大数据挖掘服务平台的构建，本书的体系结构是首先设计一种 EPMML，然后详细分析 EPMML 如何建模流式大数据挖掘服务平台，详细讨论 EPMML 在流式大数据挖掘服务平台的知识表示和知识推理、数据组件管理、算法组件管理上的应用。

本书对流式大数据挖掘服务平台建模的研究采取从具体系统抽象到模型，从具体数据抽象到元数据的研究方法。本书围绕流式大数据挖掘服务平台建模的主要贡献如下：

（1）提出了一种 EPMML。针对目前 PMML 存在的语言元素众多并且缺乏语义描述功能的缺点，在描述逻辑的基础上，开发了一种 EPMML。设计了 EPMML 的逻辑基础——描述逻辑 DL4PMML，分析了 EPMML 的语言要素。证明了 EPMML 的可判定性，分析了 EPMML 的推理复杂性。通过实例说明了 EPMML 是适合作为流式大数据挖掘服务平台建模的具有语义描述功能的标记语言。

（2）提出了流式大数据挖掘服务平台的元数据体系结构，并对基于 EPMML 的流式大数据挖掘服务平台元数据进行了分析和验证。分别从知识表示和知识推理的角度，分析了如何使用 EPMML 进行知识表示，设计了基于 EPMML 的流式大数据挖掘元数据一致性检测框架。同时通过实例验证了 EPMML 支持知识推理的正确性和有效性，给出了实例来演示如何应用 EPMML 进行知识推理以检测数据挖掘元数据的语义不一致问题。

（3）提出了流式大数据挖掘的数据建模理论，进一步完善了数据挖掘的理论基础体系，并分析了 EPMML 在流式大数据挖掘服务平台数据管理中的应用，提出了面向流式大数据挖掘服务平台的数据建模理论，运用形式化概念分析理论对流式大数据挖掘进行形式化数据建模，分析和诠释了流式大数据集上的规则抽取与知识发现。给出了流式大数据的数据模型，阐述了流式大数据集上概念的内涵和外延以及概念迁移的本质，对流式大数据集上的规则提取进行解释。在流式大数据挖掘服务平台的数据组件中，分析了 EPMML 怎样建模数据组件，并通过具体实例演示 EPMML 对数据组件的描述和规则提取过程。

（4）提出了流式大数据挖掘服务平台的算法管理模型，解决了目前流式大数据挖掘研究算法众多但利用率低的窘境问题，分析了 EPMML 在流式大数据挖掘服务平台算法管理中的应用。在算法组件中，将流式大数据挖掘算法作为语义 Web 服务，结合 EPMML 提出了面向流式大数据挖掘服务平台的算法管理框架。分析了怎样应用 EPMML 描述算法服务，设计了基于 EPMML 的算法服务接口，通过一个具体实例说明 AMF-DSMS 的有效性。

本书的研究工作对于当前迫切需要解决的快速、高效和智能的流式大数据挖掘服务平台构建问题提供了理论和方法上的指导。本书对流式大数据挖掘元数据一致性检测的研究、提出的流式大数据挖掘形式化数据建模理论以及对流式大数据挖掘算法可利用性的研究对于未来流式大数据挖掘服务平台可靠性保障、流式大数据挖掘标准化和流式大数据挖掘服务平台的智能化有着重要的理论意义和实用价值。

## 9.2　研究成果的意义

在云计算背景下，发展流式大数据挖掘的服务研究有利于合理管理流式大数据和有效利用挖掘所使用的算法，降低算法开发成本。本书的理论意义在于提出面向流式大数据挖掘服务的数据管理理论和算法管理理论。应用价值在于有望有效管理流式大数据和有效管理大数据挖掘所使用的算法，满足流式大数据挖掘服务的快速、高效和智能的迫切需要。

在流式大数据挖掘日益凸显其应用价值的情况下，本书的科学价值突出表现在以下几方面：

（1）本书所提出的理论对于当前迫切需要解决的云环境下快速、高效和智能的流式大数据挖掘服务构建问题提供理论和方法上的指导。

（2）本书对流式大数据挖掘服务的数据服务组件建模的研究为未来流式大数据挖掘服务提供了标准化大数据数据模型。

（3）本书对流式大数据挖掘服务的算法服务组件建模的研究为未来流式大数据挖掘服务提供了智能化方面的参考价值。

本研究成果在探索环境监测中的流式大数据规律、天体与地壳运动中的粒子流规律，以及在社交网络、电子商务、智能交通等领域的流式大数据挖掘中有着广泛的应用前景。

## 9.3　元建模理论的总结

元建模是对软件系统中有助于系统建模的框架、规则、约束、模型进行的分析、描述和构造。对软件系统的元建模可以大幅度提高软件开发效率。研究元建模，可以根据领域需要制定合适的元模型，以定义领域建模语言，与领域建模以及 MDA 相结合。本书从元建模的高度设计 EPMML 作为建模语言，并用 EPMML 建模流式大数据挖掘服务平台的数据管理组件和算法管理组件。

## 9.4　流式大数据挖掘算法管理的总结

本书在深入研究基于 EPMML 的流式大数据挖掘服务平台建模之后有如下思考：

（1）关于描述逻辑。本书提出两个理念：①从描述逻辑设计 EPMML 的理念；②应用描述逻辑进行流式大数据挖掘服务平台元数据一致性检测的理念。

描述逻辑是语义 Web 的逻辑基础。本书在第 4 章中为数据挖掘领域设计了一种具有语义描述功能的 EPMML，EPMML 是为数据挖掘量身定做的语义本体语言。分析语义 Web 和描述逻辑的关系，可以抽取语义 Web 本体语言的设计思想，进而本书提出从描述逻辑设计 EPMML 的理念。本书设计了一种描述逻辑 DL4PMML 作为 EPMML 的逻辑基础，描述逻辑 DL4PMML 为 EPMML 提供了可判定的逻辑基础和严格的形式化机制。

描述逻辑具有知识表示和知识推理两个重要功能。EPMML 是以描述逻辑作为其逻辑基础的标记语言，那么用 EPMML 描述的数据挖掘元数据一定具有知识推理的功能，这是 EPMML 区别于传统 PMML 的显著标志。在第 5 章研究基于 EPMML 的知识推理中，本书提出用描述逻辑检测和管理数据挖掘元数据语义一致性的理念，提出描述逻辑用于数据挖掘元数据检测和管理的思想源于元数据模式可以用描述逻辑知识库来表示，进而描述逻辑上的推理可以用来进行元数据的推理，并发现元数据的不一致性问题。

正是因为描述逻辑是 EPMML 的逻辑基础，EPMML 是一种具有逻辑推理能力的数据挖掘领域相关的语义本体语言。进一步地，明确描述逻辑、本体和 EPMML 三者的关系是：描述逻辑是本体的逻辑基础、EPMML 是本体的表现形式，这里本体是数据挖掘领域相关的本体。本书的研究方式是选择这三者的一种即 EPMML 来贯穿全书。首先提出 EPMML，然后使用 EPMML 全方位地描述流式大数据挖掘服务平台。

（2）关于流式大数据挖掘算法管理。本书提出面向流式大数据挖掘的算法管理理念，与传统静态数据挖掘相比，这一理念对于流式大数据挖掘研究领域更加重要。在流式大数据挖掘过程模型的流式大数据捕获、数据预处理，尤其是挖掘模式阶段，都有许多相应的算法。不同的流式大数据领域环境、不同的数据预处理模型，都会影响到流式大数据挖掘算法的挖掘效率和性能。然而目前流式大数据挖掘研究的窘境是存在众多算法，但局限性很大，可利用率低，往往仅能解决特定领域环境下的流式大数据挖掘问题。第 7 章提出了一种面向流式大数据挖掘的算法管理框架，将流式大数据挖掘算法作为 Web 服务并进行部署，能够显著提高算法的利用率，避免算法重复开发。用 EPMML 描述算法服务，可实现算法服务的自动发现、匹配、调用和组合，提高流式大数据挖掘服务平台的智能性和挖掘效率。

（3）关于元数据和元模型。本书第 5 章提出了流式大数据挖掘服务平台的元数据体系结构，并在第 8 章进一步设计了流式大数据挖掘服务平台的建模层次结构，这为认识流式大数据挖掘服务平台中模型与元模型、数据与元数据等层次关系提供了参考。认清元数据、元-元数据、元模型和元-元模型等概念术语以及它们相互之间的层次和关系是正确把握基于 MDA 的软件系统开发设计的必要保障。从第 8 章设计的流式大数据挖掘服务平台的建模层次结构来看，提出和设计 EPMML 是在元模型层 M2 层做的工作，提出流式大数据挖掘服务平台的形式化数据模型和算法管理模型 AMS-DSMS 是在模型层 M1 层做的工作，设计 EPMML 并用 EPMML 描述和建模流式大数据挖掘服务平台的数据管理组件和算法管理组件既是一种元建模活动，也是对流式大数据挖掘服务平台的建模。可以认为，未来软件系统的开发是从"模型到自动化"的过程，但这并不意味软件蓝领的失业，更多的工作将转向建立良好的模型。尽管 MDA 还处在新的研究与发展阶段，但 MDA 的思想已逐渐被许多软件厂商认同。基于 MDA 的流式大数据挖掘服务平台开发可以让人们集中精力在流式大数据挖掘服务平台 PIM 的建模，得到完整的 PIM 以后，利用模型转换工具转换到流式大数据挖掘服务平台 PSM，然后精化得到的 PSM 再转化得到平台相关的代码模型，如 Java 代码等。

（4）关于数据挖掘标准化。本书倡导将更多工作放在数据挖掘的标准化、构建统一的数据挖掘理论基础体系等研究上。与快速发展的数据挖掘技术相比，数据挖掘标准化还处在滞后阶段。如同关系数据库刚推出时，还没有 SQL 等关系数据库标准一样，近年来许多数据挖掘厂商意识到了数据挖掘领域同样存在标准化的问题。例如，OMG 和 DMG 是由很多数据仓库和数据挖掘厂商自发形成的厂商联盟，这些组织为了解决数据挖掘标准化问题，即针对在开放的环境中使数据仓库和数据挖掘产品之间能够实现共享、集成、交换等数据挖掘标准化操作目标，提出了一系列数据挖掘相关标准。例如，OMG 的 CWM 标准、DMG 的 PMML 等都是为实现这一目标而提出的。但是，这些数据挖掘的标准化工作还处在起步阶段，本书第 4 章分析了 PMML 不尽如人意的局限性，在 PMML 元数据标准下，提出了 EPMML。近几年 ACM 的 KDD 国际会议已高度重视数据挖掘的标准化，并以 DM-SSP（数据挖掘服务标准化和平台）为专题进行研讨，然而实现数据挖掘的标准化还需要投入更多工作。

## 9.5　关于 EPMML 的总结

流式大数据挖掘服务平台的构建问题研究中还存在很多不完善的地方，值得进一步研究的重要内容包括以下几项：

（1）进一步完善 EPMML 对数据挖掘模型的描述功能。目前虽然 EPMML 已通过理论和实验证明了其正确性和有效性，但是，EPMML 如何与数据挖掘领域相关需要进一步明确。一方面，明确 EPMML 是数据挖掘领域的语义本体语言，不适用于其他领域的模型描述。另一方面，随着数据挖掘技术的推出和新算法的迭代更新，EPMML 的语言要素和版本也需要更新和维护。

（2）根据知识推理发现的不一致性问题进行数据挖掘元数据自动修正的研究。基于 EPMML 的数据挖掘元数据具有知识推理并发现语义不一致问题的能力，然而，目前通过知识推理发现的语义不一致问题只能通过人工手动解决，如何让基于 EPMML 的数据挖掘元数据的不一致性问题通过自动发现后能进行自动修正将是进一步研究的一项工作。

（3）开发一个基于 DSMSF 的实验性系统，通过模拟和实测的流式大数据挖掘来检验系统的有效性，通过系统的实际运行检验各个组件模型的可靠性，根据实际反馈的情况来进一步完善各个模型。开发面向数据挖掘领域的基于 EPMML 的知识表示和知识推理软件工具，包括与本体编辑工具 Protégé 结合，开发支持 Protégé 的 EPMML 插件包。

（4）建立和实现较完善的流式大数据挖掘服务平台算法库管理模块，流式大数据挖掘服务平台的算法管理子组件中算法检索策略、算法的相似性比较和算法的组合优化是需要进一步研究的问题。

总之，流式大数据挖掘服务平台的智能化、自动化是值得进一步探索的问题。流式大数据提取的智能化、算法优化选择的智能化和数据挖掘的自动化是流式大数据挖掘服务平台相辅相成的三个阶段，伴随着人们对智能社会的追求，如何更好地结合语义 Web 和人工智能将是今后值得关注的一个方向。

# 参 考 文 献

[1] 王珊, 王会举, 覃雄派, 等. 架构大数据: 挑战、现状与展望. 计算机学报, 2011, 34 (10): 1741-1752.

[2] 孙大为, 张广艳, 郑纬民. 大数据流式计算: 关键技术及系统实例. 软件学报, 2014, 25(4): 839-862.

[3] 孟小峰, 慈祥. 大数据管理: 概念、技术与挑战. 计算机研究与发展, 2013, 50(1): 146-169.

[4] Li B, Mazur E, Diao Y, et al. A platform for scalable one-pass analytics using MapReduce// SIGMOD'11 Proceedings of the 2011 ACM SIGMOD International Conference on Management of data, 2013: 985-996.

[5] Li B, Mazur E, Diao Y, et al. Scalla: a platform for scalable one-pass analytics using MapReduce. ACM Transaction on Database Systems, 2013, 37(4): 1-43.

[6] 覃雄派, 王会举, 杜小勇, 等. 大数据分析——RDBMS 与 MapReduce 的竞争与共生. 软件学报, 2012, 23(1): 32-45.

[7] Yang D, Rundensteiner E A, Ward M O. Mining neighbor-based patterns in data streams. Information Systems, 2013, 38(3): 331-350.

[8] Halatchev M, Gruenwald L. Estimating missing values in related sensor data streams// International Conference on Management of Data, 2005.

[9] Demanine E D, Lpez-Ortiz A, Munro L. Frequency estimation of internet packet streams with limited space//European Symposium on Algorithms, 2002.

[10] Kargupta H, Bhargava R, Liu K, et al. A mobile and distributed data stream mining system for real-time vehicle monitoring//SIAM International Conference on Data Mining, 2004.

[11] Cai Y D, Clutter D, Pape G, et al. Maids: Mining alarming incidents from data streams//The 23rd ACM SIGMOD International Conference on Management of Data, 2004.

[12] Oguducu S G, Ozsu M T. Incremental click-stream tree model: learning from new users for web page prediction. Distributed and Parallel Databases, 2006, 19(1): 5-27.

[13] Wu E H, Ng M K, Yip A M, et al. A clustering model for mining evolving web user patterns in data stream environment. Intelligent Data Engineering and Automated Learning: Ideal 2004, 2004, 3177: 565-571.

[14] Gaber M M, Zaslavsky A, Krishnaswamy S. Mining data streams:a review. SIGMOD Record, 2005, 34(2): 18-26.

[15] Zhu X, Gan H, Liu C, et al. Modeling traffic model driven route choice simulator in UML.

International Journal of Digital Content Technology and its Applications, 2013, 6(5): 141-149.

[16] Ratnasamy S, Karp B, Yin L, et al. GHT:a geographic hash table for data centric storage. ACM International Workshop on Wireless Sensor Networks and Applications, 2002.

[17] Chang J H, Lee W S, Zhou A. Finding recent frequent itemsets adaptively over online data streams//ACM SIGKDD International Conference on Knowledge Discovery and Data Mining, 2003.

[18] Lin C H, Chiu D Y, Wu Y H, et al. Mining frequent itemsets from data streams with a time-sensitive sliding window//SIAM International Conference on Data Mining, 2005.

[19] Manku G S, Motwani R. Approximate frequency counts over data streams//28th International Conference on Very Large Data Bases, 2002.

[20] Chang J H, Lee W S. A sliding window method for finding recently frequent itemsets over online data streams. Journal of Information Science and Engineering, 2004.

[21] 张云涛, 龚玲. 数据挖掘原理与技术. 北京: 电子工业出版社, 2004.

[22] Guha S, Meyerson A, Mishra N, et al. Clustering data streams: theory and practice. TKDE Special Issue on Clustering, 2003, 15: 515-528.

[23] Indyk P, Koudas N, Muthukrishnan S. Identifying representative trends in massive time series data sets using sketches//The 26th International Conference on Very Large Data Bases, 2000.

[24] Yao Y Y. On modeling data mining with granular computing//Proceedings of the 25th Annual International Computer Software and Applications Conference, 2001.

[25] Yao Y Y. On Conceptual Modeling of Data Mining in Machine Learning and Application. Beijing: Tsinghua University Press, 2006: 238-255.

[26] 吴朝晖, 陈华钧. 语义网格: 模型、方法与应用. 杭州: 浙江大学出版社, 2008.

[27] Berners-Lee T, Hendler J. Publishing on the semantic web: the coming internet revolution will profoundly affect scientific information. Nature, 2001, 410: 1023-1024.

[28] Codd E F. A relational model of data for large shared data banks. Communications of ACM, 1970, 13(6): 377-387.

[29] Agrawal R, Srikant R. Fast algorithms for mining association rules//20th International Conference of Very Large Data Bases, 1994.

[30] Han J, Pei J, Yin Y. Mining frequent patterns without candidate generation//International Conference on Management of Data, 2000.

[31] Mitchell T M. Machine Learning. Beijing: China Machine Press, 1997.

[32] Quinlan J. C4.5: Programs for Machine Learning. San Mateo: Morgan Kaufmann Publishers, 1993.

[33] Wu X, Kumar V, Quinlan J R, et al. Top 10 algorithms in data mining. Knowledge and Information Systems, 2007, 14(1): 1-37.

[34] Jiang N, Gruenwald L. Research issues in data streams association rule mining. ACM SIGKDD Record, 2006.

[35] Jiang N, Gruenwald L. CFI-stream: mining closed frequent itemsets in data streams//KDD, 2006.

[36] Raïssi C, Poncelet P, Teisseire M. Towards a new approach for mining frequent itemsets on data stream. Journal of Intelligent Information System, 2007, 28: 23-36.

[37] Yu J X, Chong Z H, Lu H J, et al. A false negative approach to mining frequent itemsets from high speed transactional data streams. Information Sciences, 2006, 176: 1986-2015.

[38] Fayyad U, Piatetsky-Shapiro G, Smyth P. From data mining to knowledge discovery in databases. AI Magazine, 1996, 17(3): 37-54.

[39] Fayyad U M. Advances in Knowledge Discovery and Data Mining. California: AAAI/MIT Press, 1996.

[40] Agrawal R, Imielinski T, Swami A. Mining association rules between sets of items in large databases//Proceedings of the 1993 ACM SIGMOD International Conference on Management of Data, 1993.

[41] Han J, Fu Y. Discovery of multiple-level association rules from large databases//International Conference on Very Large Data Bases, 1995.

[42] Rana O, Walker D, Li M, et al. PaDDMAS: parallel and distributed data mining application suite//The 14th International Parallel and Distributed Processing Symposium, 2000: 387-392.

[43] Ali A S, Rana O F, Taylor I J. Web services composition for distributed data mining// International Conference on Parallel Processing Workshop, 2005.

[44] Zhu X, Wang H. Web service based algorithm management framework for stream data processing//18th International Conference of DASFAA, 2013: 207-219.

[45] Giannella C, Han J, Pei J, et al. Mining frequent patterns in data streams at multiple time granularities. Next Generation Data Mining, 2003.

[46] 朱小栋, 沈国华. 流式数据上关联规则挖掘研究综述. 计算机应用研究, 2010, 27(9): 3101-3105.

[47] Last M. Online classification of nonstationary data streams. Intelligent Data Analysis, 2002, 6 (2): 129-147.

[48] Wang H, Fan W, Yu P S, et al. Mining concept-drifting data streams using ensemble classifiers // The 9th ACM International Conference on Knowledge Discovery and Data Mining, 2003.

[49] Ding Q, Ding Q, Perrizo W. Decision tree classification of spatial data streams using Peano count trees//The ACM Symposium on Applied Computing, 2002.

[50] Guha S, Mishra N, Motwani R, et al. Clustering data streams//The Annual Symposium on Foundations of Computer Science, 2000.

[51] Aggarwal C, Han J, Wang J, et al. A framework for projected clustering of high dimensional

data streams//International Conference on Very Large Data Bases, 2004.

[52] Perlman E, Java A. Predictive mining of time series data in astronomy//Astronomical Data Analysis Software and Systems XII, 2002, 295: 431.

[53] Zhu Y, Shasha D. Statstream: statistical monitoring of thousands of data streams in real time// VLDB, 2002.

[54] Lin J, Keogh E, Lonardi S, et al. A symbolic representation of time series, with implications for streaming algorithms//The 8th ACM SIGMOD Workshop on Research Issues in Data Mining and Knowledge Discovery, 2003.

[55] Guralnik V, Srivastava J. Event detection from time series data//ACM KDD, 1999.

[56] 朱小栋, 黄志球, 沈国华, 等. 一种基于变尺度滑动窗口的数据流频繁集挖掘算法. 控制与决策, 2009, 24(6): 832-836, 842.

[57] Domingos P, Hulten G. A general method for scaling up machine learning algorithms and its application to clustering//The eighteenth International Conference on Machine Learning, 2001.

[58] Babcock B, Datar M, Motwani R. Load shedding techniques for data stream systems//The 2003 Workshop on Management and Processing of Data Streams, 2003.

[59] Aggarwal C, Han J, Wang J, et al. On demand classification of data streams//International Conference on Knowledge Discovery and Data Mining, 2004.

[60] Aggarwal C, Han J, Wang J, et al. A framework for clustering evolving data streams// International Conference on Very Large Data Bases, 2003.

[61] Zhu F, Yan X, Han J, et al. Mining colossal frequent patterns by core pattern fusion//The 23rd International Conference on Data Engineering, 2007: 706-715.

[62] 刘学军, 徐宏炳, 董逸生, 等. 挖掘数据流中的频繁模式. 计算机研究与发展, 2005, 42(12): 2192-2198.

[63] 陆介平, 杨明, 孙志挥, 等. 快速挖掘全局最大频繁项目集. 软件学报, 2005, 16(4): 553-560.

[64] 王永利, 徐宏炳, 董逸生, 等. 分布式数据流增量聚集. 计算机研究与发展, 2006, 43(3): 509-515.

[65] 杨宜东, 孙志挥, 朱玉全, 等. 基于动态网格的数据流离群点快速检测算法. 软件学报, 2006, 17(8): 1796-1803.

[66] 张冬冬, 李建中, 王伟平, 等. 数据流历史数据的存储与聚集查询处理算法. 软件学报, 2005, 16(12): 2089-2098.

[67] 张昕, 李晓光, 王大玲, 等. 数据流中一种快速启发式频繁模式挖掘方法. 软件学报, 2005, 16(12): 2099-2105.

[68] 10 challenging problems in data mining research. http://www.cs.uvm.edu/~icdm/10Problems/index.html, 2005.

[69] Yang Q, Wu X. 10 challenging problems in data mining research. International Journal of Information Technology & Decision Making, 2006, 5 (4): 597-604.

[70] 朱小栋, 樊重俊, 杨坚争. 面向机场场区管理的数据挖掘系统. 计算机工程, 2012(3): 224-227.

[71] SAS. Data mining with SAS: enterprise miner. http://www.sas.com/technologies/analytics/datamining/miner, 2008.

[72] Oracle. Oracle data miner, 2008.

[73] IBM. IBM DB2 intelligent miner. http://www.ibm.com/software/data/intelli-mine, 2008.

[74] SPSS. SPSS clementine. http://www.spss.com/clementine, 2008.

[75] The University of Waikato. Weka 3: data mining software in Java. http://www.cs.waikato.ac.nz/~ml/weka/index.html.

[76] Kietz J U, Ziicher R, et al. Mining mart: combining case-based-reasoning and multi-strategy learning into a framework to reuse KDD-application//Fifth International Workshop on Multistrategy Learning, 2000.

[77] Horrocks I. DAML+OIL: a description logic for the semantic web. Bulletin of the IEEE Computer Society Technical Committee on Data Engineering, 2002, 25(1): 4-9.

[78] Rapid I. YALE(rapid miner). http://rapid-i.com/content/blogcategory/10/69/lang, 2008.

[79] Mierswa I, Wurst M, Klinkenberg R. YALE: rapid prototyping for complex data mining tasks//The 12th ACM SIGKDD International Conference on Knowledge Discovery and Data Mining, Philadelphia, 2006: 935-940.

[80] Agrawal R, Mehta M, Shafer J. The quest data mining system//2nd International Conference on Knowledge Discovery and Data Mining, 1996: 244-249.

[81] Han J, Chiang J Y, Chee S, et al. DBMiner: a system for data mining in relational databases and data warehouses//CASCON'97:Meeting of Minds, 1997: 249-260.

[82] 朱建秋, 蔡伟杰, 朱扬勇. CIAS: 一个客户智能分析数据挖掘平台. 小型微型计算机系统, 2003, 24(12): 2255-2259.

[83] 陈栋, 徐洁磐. Knight: 一个通用知识挖掘工具. 计算机研究与发展, 1998, 35 (4): 338-343.

[84] 游湘涛, 史忠植. 多策略通用数据采掘工具 MSMiner. 计算机研究与发展, 2001, 38(5): 581-586.

[85] Chauhan J, Chowdhury S A, Makaroff D. Performance evaluation of yahoo! S4: a first look//7th International Conference on P2P, Parallel, Grid, Cloud and Internet Computing (3PGCIC), 2012: 58-65.

[86] Hoeksema J, Kotoulas S. High-performance distributed stream reasoning using s4//Ordring Workshop at ISWC, 2011.

[87] Dayarathna M, Takeno S, Suzumura T. A performance study on operator-based stream

processing systems //IISWC, 2011: 79.

[88] Neumeyer L, Robbins B, Nair A, et al. S4: distributed stream computing platform//Data Mining Workshops (ICDMW), 2010: 170-177.

[89] Jones M T. Process real-time big data with twitter storm. IBM Technical Library, 2013.

[90] Toshniwal A, Taneja S, Shukla A, et al. Storm@ twitter//Proceedings of the 2014 ACM SIGMOD International Conference on Management of Data, 2014: 147-156.

[91] Qian Z, He Y, Su C, et al. Timestream: reliable stream computation in the cloud//Proceedings of the 8th ACM European Conference on Computer Systems, 2013: 1-14.

[92] Kreps J, Narkhede N, Rao J. KAFKA: a distributed messaging system for log processing// Proceedings of 6th International Workshop on Networking Meets Databases (NetDB), 2011.

[93] SGI. Mineset-3.1-enterprise-edition-may-2001. http://techpubs.sgi.com/library/tpl/cgi-bin/getdoc.cgi? coll=linux&db=relnotes&fname=/usr/relnotes/mineset-3.1-enterprise-edition-may-2001, 2007.

[94] DMG. Data mining group-pmml products. http://www.dmg.org/products.html, 2008.

[95] Armbrust M, Fox A, Griffith R. Above the Clouds: a Berkeley View of Cloud Computing. Berkeley: EECS Department, University of California, 2009.

[96] Yau S, An H. Software engineering meets services and cloud computing. Computer Society, 2011, 44 (10): 47-53.

[97] 张兴旺, 李晨晖, 秦晓珠. 云计算环境下大规模数据处理的研究与初步实现. 现代图书情报技术, 2011, 204(4): 17-23.

[98] 刘真, 刘峰, 张宝鹏, 等. 云计算模型在铁路大规模数据处理中的应用. 北京交通大学学报, 2010, 34(5): 14-19.

[99] 朱小栋. 引入资源即服务的云计算架构及其应用. 上海理工大学学报, 2013, 35(3): 289-293.

[100] 尹红风, 戴汝为. 思维与智慧科学及工程. 上海理工大学学报, 2011, 33(1): 18-23.

[101] DCMI. Dublin core metadata element set, version 1.1. http://dublincore.org/documents/dces, 2008.

[102] OMG. Model driven architecture. http://www.omg.org/mda, 2008.

[103] Kleppe A, Warmer J, Bast W, et al. 解析 MDA. 鲍志云译. 北京: 人民邮电出版社, 2004.

[104] Poole J, Chang D, Tolbert D M, et al. 公共仓库元模型:数据仓库集成标准导论. 彭蓉, 刘进, 何璐璐, 等译. 北京: 机械工业出版社, 2004.

[105] 刘辉, 麻志毅, 邵维忠. 元建模技术研究进展. 软件学报, 2008, 19 (6): 1317-1327.

[106] OMG. Common warehouse metamodel specification, version 1.1. http://www.omg.org, 2001.

[107] DMG. PMML version 3.2. http://www.dmg.org/pmml-v3-2.html, 2008.

[108] DMG. PMML version 3.1. http://www.dmg.org/index.html, 2005.

[109] OMG. OMG's meta object facility. http://www.omg.org/mof, 2008.

[110] Zhao X F, Huang Z Q. A formal framework for reasoning on metadata based on CWM. Conceptual Modeling - ER, 2006, 4215: 371-384.

[111] Zhu X, Huang Z, Shen G. Description logic based consistency checking upon data mining metadata//The third International Conference on Rough Sets and Knowledge Technology, 2008: 475-482.

[112] 赵晓非, 黄志球. 基于 CWM 的元数据的形式化推理框架研究. 计算机研究与发展, 2007, 44 (5): 829-836.

[113] 朱小栋, 黄志球, 沈国华. 基于描述逻辑的数据挖掘元数据的一致性检验. 小型微型计算机系统, 2009(02): 266-270.

[114] Zubcoff J, Trujillo J. Conceptual modeling for classification mining in data warehouses//The 8th International Conference on Data Warehousing and Knowledge Discovery, 2006.

[115] Castellano M, Pastore N, Arcieri F, et al. A model-view-controller architecture for knowledge discovery//The 5th International Conference on Data Mining, 2004.

[116] Chaves J, Curry C, Grossman R L, et al. Augustus: the design and architecture of a PMML-based scoring engine//The Fourth Workshop on Data Mining Standards, Services and Platforms(DM-SSP'06), associated with 12th ACM SIGMOD International Conference on Knowledge Discovery & Data Mining(KDD'06), 2006.

[117] Romei A, Ruggieri S, Turini F. KDDML: a middleware language and system for knowledge discovery in databases. Data & Knowledge Engineering, 2006, 57(2): 179-220.

[118] Cheung W K, Zhang X, Wong H, et al. Service-oriented distributed data mining. IEEE Internet Computing, 2006: 44-54.

[119] Lauinen P, Tuovinen L, Ring J. Smart archive: a component-based data mining application framework//The 5th International Conference on Intelligent Systems Design and Applications, 2005.

[120] Vilalta R, Drissi Y. A perspective view and survey of meta-learning. Artificial Intelligence Review, 2002, 18(2): 77-95.

[121] Vilalta R, Girud-Carrier C, Brazdil P. Using meta-learning to support data mining. International Journal of Computer Science & Applications, 2004, 1(1): 31-45.

[122] Domingos P. Toward knowledge-rich data mining. Data Mining and Knowledge Discovery, 2007, 15(1): 21-28.

[123] Grao W, Semenova T, Dubossarsky E. Toward knowledge-driven data mining//ACM SIGKDD Workshop on Domain Driven Data Mining, San Jose, 2007：49-54.

[124] Kurgan L, Cios K, Trombley M. The WWW based data mining toolbox architecture//The 6th International Conference on Neural Networks and Soft Computing, 2002.

[125] 杨立, 左春, 王裕国. 面向服务的知识发现体系结构研究与实现. 计算机学报, 2005, 28 (4):

445-457.

[126] 刘光远, 苑森淼, 董立岩, 等. 基于工作流的数据挖掘 PMML 模型实现. 小型微型计算机系统, 2007, 28(5): 891-894.

[127] 朱小栋, 肖芳雄, 黄志球, 等. 基于描述逻辑的扩展预测模型标记语言 EPMML. 计算机学报, 2012(8): 1644-1654.

[128] Yang F. Development of software engineering: CO-operative efforts from academia, government and industry. http://www.isr.uci.edu/icse-06/program/keynotes/yang.html, 2006.

[129] DMG. PMML version 4.2.1. http://www.dmg.org/DMGReleasesPMMLv4.2.pdf, 2014.

[130] Data mining standards, services and platforms//DM-SSP Workshop Associated with the 2006 KDD Conference, Philadelphia, 2006.

[131] Data mining standards, services and platforms. http://www.opendatagroup.com/dmssp07, 2007.

[132] Pechter R. Conformance standard for the predictive model markup language//The Fourth Workshop on Data Mining Standards, Services and Platforms(DM-SSP'06), associated with 12th ACM SIGMOD International Conference on Knowledge Discovery & Data Mining (KDD'06), Philadelphia, 2006.

[133] Berners-Lee T. Semantic Web road map. http://www.w3.org/DesignIssues/Semantic, 1998.

[134] Berners-Lee T. RDF and the semantic web. http://linuxgazette.net/105/oregan.html, 2000.

[135] Berners-Lee T, Hendler J, Lassila O. The semantic web. Scientific American, 2001, 284(5): 34-43.

[136] Studer R, Benjamins V R, Fensel D. Knowledge engineering: principles and methods. Data and Knowledge Engineering, 1998, 25(122): 161-197.

[137] Smith B, Welty C. FOIS introduction: ontology-towards a new synthesis//The International Conference on Formal Ontology in Information Systems, 2001: 3-9.

[138] 陆建江, 张亚非, 苗壮, 等. 语义网原理与技术. 北京: 科学出版社, 2007.

[139] Klyne G, Carroll J. Resource description framework(RDF): concepts and abstract syntax. http://www.w3.org/TR/rdf-concepts, 2004.

[140] Lassila O, Swick R R. Resource description framework(RDF) model and syntax specification. http://www.w3.org/TR/REC-rdf-syntax, 1999.

[141] Baader F, Horrocks I, Sattler U. Description logics as ontology languages for the semantic web. Leture Notes in Artificial Intelligence, 2005, 2605: 228-248.

[142] Horrocks I, Sattler U. A tableaux decision procedure for SHOIP//The 19th International Joint Conference on Artificial Intelligence (IJCAI 2005), 2005.

[143] Horrocks I, Sattler U, Tobies S. Practical reasoning for expressive description logics//The 6th Internation Conference on Logic for Programming and Automated Reasoning, 1999.

[144] Horrocks I, Patel-Schneider P F, Harmelen F V. From SHIQ and RDF to OWL: the making of a

web ontology language. Journal of Web Semantics, 2003, 1(1): 7-26.

[145] Horrocks I, Patel-Schneider P F. Reducing OWL entailment to description logic satisfiability. Journal of Web Semantics, 2004, 1(4): 345-357.

[146] Lutz C. The complexity of reasoning with concrete domains. Ph.D. Teaching and Research Area for Theoretical Computer Science, RWTH Aachen, 2002.

[147] Wessel M. Decidable and undecidable extensions of ALC with composition-based role inclusion axioms. University of Hamburg, 2000

[148] Haarslev V, Moller R, Wessel M. Racerpro version 1.9, 2005.

[149] Lin T Y. Data mining: granular computing approach methodologies for knowledge discovery and data mining//PAKDD, 1999: 24-33.

[150] Lin T Y. Data mining and machine oriented modeling: a granular computing approach. Journal of Applied Intelligence, 2000, 13 : 113-124.

[151] Lin T Y. Modeling the real world for data mining:granular computing approach//9th IFSA, 2001.

[152] Lin T Y, Yao Y Y, Zadeh L A. Data Mining, Rough Sets and Granular Computing. Heidelberg: Physica, 2002.

[153] Yao Y Y. Potential applications of granular computing in knowledge discovery and data mining// Proceedings of World Multiconference on Systemics, Cybernetics and Informations, 1999.

[154] Yao Y Y. Granular computing for data mining//Proceedings of SPIE Conference on Data Mining, Intrusion Detection,Information Assurance and Data Networks Security, 2006.

[155] 朱小栋, 王恒山, 卢菁. 基于直觉模糊集的模糊信息系统模型. 控制与决策, 2012(9): 1337-1342.

[156] Pawlak Z. Rough sets. International Journal of Computer and Information Science, 1982, 11: 341-356.

[157] Pawlak Z. Rough Sets, Theoretical Aspects of Reasoning about Data. Dordrecht: Kluwer Academic Publishers, 1991.

[158] Pawlak Z. Granularity of knowledge, indiscernibility and rough sets//IEEE International Conference on Fuzzy Systems, 1998.

[159] Tarski A. The semantic conception of truth and the foundation of semantics. Philosophy and Phenomenological Research 4, 1944.

[160] Yao Y Y, Liau C J. A generalized decision logic language for granular computing//The IEEE World Congress on Computational Intelligence, 2002.

[161] Yao Y Y, Liu Q. A generalized decision logic in interval-set-valued information tables//The 7th International Workshop on New Directions in Rough Sets, Data Mining and Granular-Soft Computing, 1999.

[162] Quinlan J R. Introduction of decision trees. Machine Learning, 1986, 11(1): 81-106.

[163] Han J, Kamber M. 数据挖掘概念与技术. 范明, 孟小峰, 等译. 北京: 机械工业出版社, 2001.

[164] Brin S, Motwani R, Silverstein C. Beyond market baskets: generalizing association rules to correlations//ACM SIGMOD International Conference on Management of Data, Tucson, 1997: 255-264.

[165] Yuan X, Buckles B P, Yuan Z, et al. Mining negative association rules//The Seventh International Symposium on Computers and Communications(ISCC'02), 2002: 623-628.

[166] Suzuki E. Autonomous discovery of reliable exception rules//KDD'97, 1997: 259-262.

[167] Zhong N, Yao Y Y, Ohsuga S. Peculiarity oriented multi-database mining//PKDD'99, 1999: 136-146.

[168] Hartigan J A. Clustering Algorithms. New York: John Wiley & Sons, 1975.

[169] Dunham M H. 数据挖掘教程. 郭崇慧, 田凤占, 靳晓明, 等译. 北京: 清华大学出版社, 2005.

[170] Quilan J R. Introduction of decision trees. Machine Learning, 1986, 11(1): 81-106.

[171] Box D, Ehnebuske D, Kakivaya G, et al. Simple object access protocal (SOAP) 1.1. http://www.w3.org/TR/SOAP, 2000.

[172] Christensen E, Curbera F, Meredith G, et al. Web services description language (WSDL) 1.1. http://www.w3.org/TR/wsdl, 2001.

[173] UDDI. The UDDI technical white paper. http://www.uddi.org, 2000.

[174] Programme HLSW. Jena : a semantic web framework for Java.

[175] Sirin E, Parsia B, Wu D, et al. HTN planning for Web service composition using shop2. Web Semantics: Science, Services and Agents on the World Wide Web, 2004, 1(4): 377-396.

[176] Milanovic N, Malek M. Current solutions for web service composition. IEEE Internet Computing, 2004, 8(6): 51-59.

[177] OMG. Unified modeling language. http://www.uml.org, 2008.

[178] OSS Group. Model driven architecture, 2000.

[179] CRISP-DM. Cross industry standard process for data mining. http://www.crisp-dm.org, 2007.

[180] OMG. Documents associated with MOF, version 2.0. http://www.omg.org/spec/MOF/2.0, 2008.

# 后 记

我一直对软件工程、数据挖掘的理论感兴趣,回想攻读博士学位的四年,仍历历在目。本书是在我的博士学位论文《基于扩展预测模型标记语言的数据流挖掘系统建模研究》的基础上,整理了一些新的热点,作了补充和延伸后形成的。这篇论文在 2009 年送中国科学技术大学、国防科学技术大学和南京大学盲审,三位专家分别给予了 93、90 和 92 分的评价,在 2011 年获得南京航空航天大学优秀博士学位论文荣誉。特别感谢我的博士生导师黄志球教授在我的毕业论文上给予的严格指导。

杨坚争教授是我的同事和领导,是较早涉足电子商务领域研究的知名教授,自 2009 年工作以来,在他的带领下,我们组建了上海理工大学电子商务研究中心。2014 年 12 月,我们在丰厚的研究基础之上,为了推动电子商务的发展,成立了上海理工大学电子商务研究院,我有幸成为研究院大数据和云计算方向研究的骨干教师。与杨老师一起工作的 5 年多时间里,我从他身上学习到了很多。他在本书撰写过程中提出了独特的见解,为本书注入了新鲜的血液。在此,我对杨老师表示由衷的敬意与感谢。

谨以本书献给我的夫人张丽和我们的儿子宽宽,谢谢可爱的他带给我无尽的欢乐。"栋梁之躯树栋梁,美景中华更辉煌",我愿以我们婚礼上的诗句表达我对教育事业的无限热爱。

我愿与读者一起在大数据挖掘领域探索和挖掘大数据里的巨大知识宝藏。

本书在撰写过程中得到了科学出版社王哲编辑的多次指导和支持,谨在此表示诚挚的谢意。

朱小栋

2015 年 4 月